눈앞에 짠
펼쳐지는
입체도형

초등 **5·6** 학년

길벗스쿨

고대 그리스에서는 기하학을 모르면 대학 입학 안 됐다고?!

위대한 수학자 플라톤이 BC 387년에 창설한 '아카데미아'는 지금의 '대학'과 같습니다. 당대의 지식인들이 모여 철학, 수학, 예술에 대해 자유롭게 토론하고 발전시키는 고등 학문의 장이었지요. 그런데 이 아카데미아 입구 현판에는 특이한 문구가 새겨져 있었어요.

> **기하학을 모르는 자, 이 문을 들어오지 말라.**

지금으로 치면 입학 자격 요건쯤 되겠네요. 즉, 기하학을 모르면 수준이 안 되니 우리랑 얘기를 나눌 수 없다는 뜻입니다. 기하학은 쉽게 말해 도형을 다루는 수학의 한 분야일 뿐인데 어떻게 해서 대학 입학의 척도가 되었을까요?

기하학은 '논리'다.

'논리'는 쉽게 말해 "A(근거)이기 때문에 B(결론)이다"처럼 타당한 근거를 들어서 참인 결론을 도출하는 사고 과정입니다. 예를 들어, 5살 아이가 외출 전에 "추우니까(근거) 패딩을 입을 거야.(결론)"라고 말하는 것도 논리입니다.
'춥다 → 몸을 따뜻하게 해야 한다. → 몸을 따뜻하게 하려면 두꺼운 옷을 입어야 한다. → 내가 가진 두꺼운 옷은 패딩이다. → 그러니 난 패딩을 입겠다.' 이 얼마나 논리적인 사고 과정입니까?
논리사고는 이런 방식으로 도출한 결론을 근거 삼아 또 다른 결론을 만들어 나가며 사고를 확장합니다. 이러한 논리로 현대 기하학을 만들어 낸 사람이 바로 유클리드입니다. 그는 고작 기본 공리 5개에서 시작하여 수많은 도형에 대한 이론을 도출하였습니다. 후배 수학자들은 이를 이어받아 지금까지도 거대한 기하학을 확장 건설하고 있습니다.
이제 아카데미아 현판의 문구를 다시 한번 들여다 봅시다. 그 뜻이 읽히나요?

> **논리적으로 생각하지 못하는 자, 이 문을 들어오지 말라.**

초등 도형은 '논리'적으로 공부해야 합니다.

여기 기하학에 대한 오해가 있습니다. 보통 도형을 잘하려면 공간 감각이 좋아야 한다고 말합니다. 그래서 아이들이 어렸을 때 블록이나 레고를 가지고 놀게 하죠. 실제로 유아에서 초2까지의 도형 공부는 공간/형태 인지가 대부분을 차지하기 때문에 공간 감각이 좋아야 합니다. 하지만 초3부터 도형의 약속, 성질, 공식을 배우기 시작하면 본격적으로 '논리', 즉 '기하'의 세계로 들어가게 됩니다. 초등 교과서에 나오는 약속, 성질, 공식이 어떻게 논리와 관련되는지 살펴볼까요?

• <u>세 개의 선분으로 둘러싸였기 때문에</u> <u>삼각형입니다.</u> ← 약속[초3 수학교과서]
      A(근거)   B(결론)

• <u>이등변삼각형이기 때문에</u> <u>두 각의 크기가 같습니다.</u> ← 성질[초4 수학교과서]
      A(근거)   B(결론)

여기서 알 수 있는 것은 '**약·성·공**[약속, 성질, 공식]'이 논리사고의 '근거'에 해당한다는 것입니다. 그런데 초등에서 나오는 **약·성·공**은 언뜻 보면 너무 당연해 보여서 아이들이 설렁설렁 눈으로만 보고 넘어가는 경우가 많습니다. 이런 잘못된 습관이 들면 논리사고의 기초 공사가 아예 이루어지지 않게 됩니다. 타당한 근거 없이 내린 결론은 틀리거나 쉽게 붕괴되기 마련이니까요.

초등 도형은 고등 기하의 축소판입니다. '약속'은 '정의[definition]'로, '성질'과 '공식'은 '정리[theorem]'로 이름만 바뀔 뿐이에요. 하지만 '기하학'이니 '논리사고'니 하는 말이 어렵게 느껴진다면 **약·성·공**만 생각하세요. 초등에서는 **약·성·공**의 기본 도형 개념만 제대로 공부해도 기하학 공부의 밑바탕을 탄탄하게 다질 수 있습니다. 기적특강은 초등 도형을 어려워하는 여러분을 문전박대하지 않습니다. 어서어서 오세요.

기하학을 모르는 자, 기적특강을 펼쳐 보라!

초등 도형, 논리사고로
기초 개념을 탄탄하게 –

약속·성질·공식
이렇게 공부하자!

약속

약속이란 수학 용어나 기호 등
그 의미를 정해 놓은 것입니다.

약속은 이미 정해진 것!
그림 덩어리로 기억하고,
정확한 수학 언어로
무조건 암기하자!

그림 덩어리로
기억하기!

개념 정리 BOX로
한눈에 정리하여
기억하기!

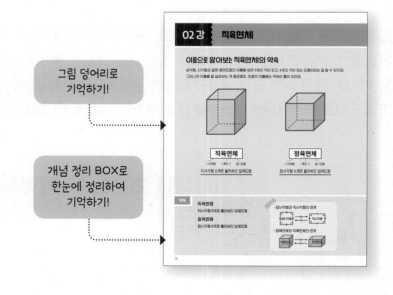

약속·성질·공식만
잘 기억하면
문제 풀이가 술술~

성질

성질이란 약속에 따라 나오는
특징과 규칙입니다.

성질은 관찰하면 보인다!
당연해 보여도
수학적 논리에 근거하여
확실하게 기억하자!

공식

공식이란 약속과 성질을 바탕으로 증명된
사실을 문자나 기호로 나타낸 것입니다.

이해하면 공식이 저절로~
무작정 외우는 것은 NO!
증명으로 공식 유도 과정을 이해하고,
자유자재로 변형하자!

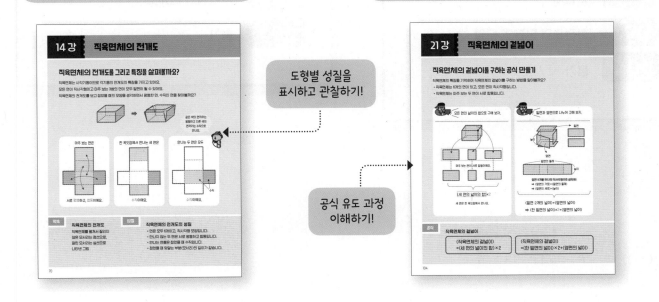

도형별 성질을
표시하고 관찰하기!

공식 유도 과정
이해하기!

차례

3. 입체도형의 겉넓이 ⊠

4. 입체도형의 부피 ⊠

1 입체도형

2 입체도형의 전개도

3 입체도형의 겉넓이

4 입체도형의 부피

종이를 접어서 세우면?

색종이로 종이접기를 해 본 적 있나요?

옆에서 보면 접기 전에는 마치 책상 면에 몸을 숨긴 것처럼 딱 달라붙어 안 보이지만, 접은 후에는 책상 위에 우뚝 세워져 있어요. 이렇게 모든 요소가 같은 평면에 있는 도형을 **평면도형**, 모든 요소가 같은 평면에 있지 않고 공간에서 일정한 크기를 차지하는 도형을 **입체도형**이라고 해요.

⋯▶ 점, 선, 면

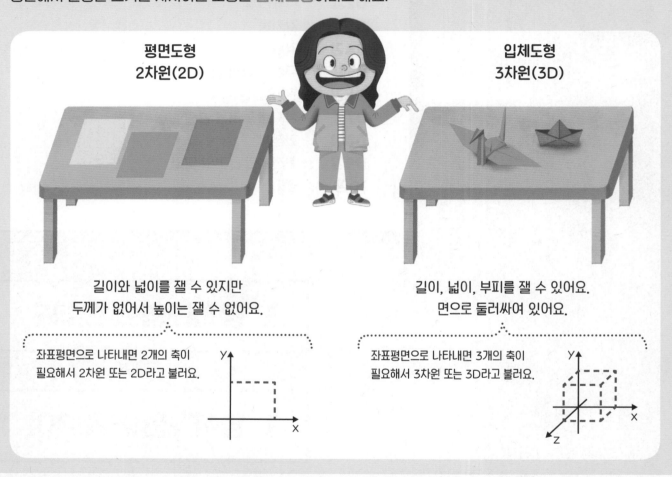

평면도형
2차원(2D)

길이와 넓이를 잴 수 있지만
두께가 없어서 높이는 잴 수 없어요.

좌표평면으로 나타내면 2개의 축이
필요해서 2차원 또는 2D라고 불러요.

입체도형
3차원(3D)

길이, 넓이, 부피를 잴 수 있어요.
면으로 둘러싸여 있어요.

좌표평면으로 나타내면 3개의 축이
필요해서 3차원 또는 3D라고 불러요.

약속

평면도형

길이나 폭만 있고, 두께가 없는 도형

입체도형

공간에서 일정한 크기를 차지하는 도형

입체도형의 종류

여러 입체도형이 있지만 이 책에서는 크게 기둥 모양과 뿔 모양으로 나누어 입체도형에 대해 알아볼 거예요.
평면도형을 변의 개수에 따라 삼각형, 사각형, 오각형…으로 부르는 것처럼 입체도형도 기준이 되는 평면도형을
이용해 이름을 붙일 수 있어요.

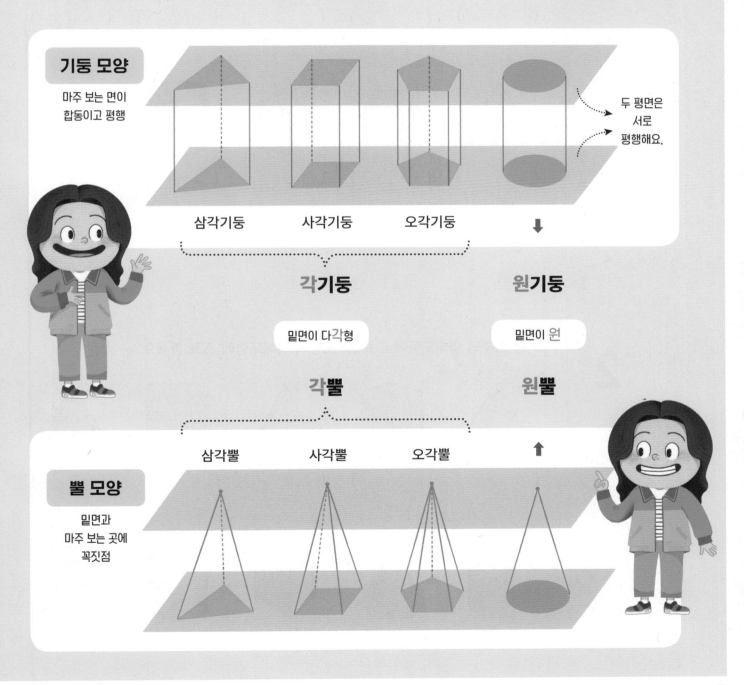

기둥 모양

마주 보는 면이 합동이고 평행

두 평면은 서로 평행해요.

삼각기둥   사각기둥   오각기둥

각기둥   **원기둥**

밑면이 다각형   밑면이 원

각뿔   **원뿔**

삼각뿔   사각뿔   오각뿔

뿔 모양

밑면과 마주 보는 곳에 꼭짓점

약속 확인 1

평면도형에는 ○표, 입체도형에는 △표 하세요.

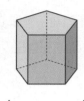   

(   ) (   ) (   ) (   ) (   )

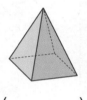 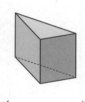 

(   ) (   ) (   ) (   ) (   )

약속 확인 2

기둥 모양의 입체도형에 ○표, 뿔 모양의 입체도형에 △표 하세요.

 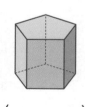  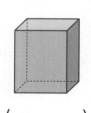

(   ) (   ) (   ) (   ) (   )

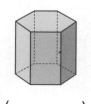  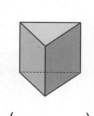  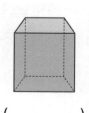

(   ) (   ) (   ) (   ) (   )

도형 표현 **3**

입체도형을 평면인 종이 위에 그려서 나타낼 때 모양을 잘 알 수 있도록 보이지 않는 곳까지 나타낸 그림을 겨냥도라고 해요.

입체도형을 보고 겨냥도를 완성하세요.

 겨냥도 그리는 방법을 알아봅시다.

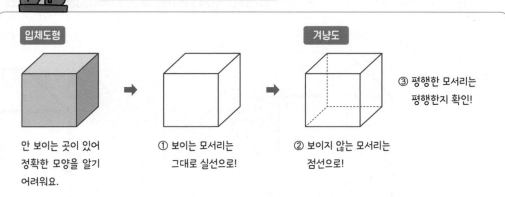

① 오각기둥

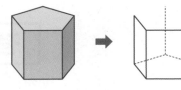

② 삼각뿔

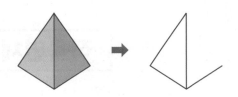

③ 사각기둥

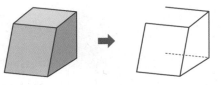

④ 사각뿔

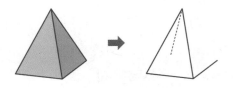

⑤ 삼각기둥

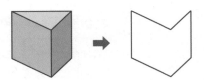

⑥ 오각뿔

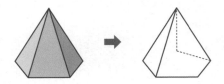

이름으로 알아보는 직육면체의 약속

삼각형, 사각형과 같은 평면도형의 이름을 보면 3개의 각이 있고, 4개의 각이 있는 도형이라는 걸 알 수 있지요.

그러니까 이름을 잘 살펴보는 게 중요해요. 도형의 이름에는 약속이 들어 있어요.

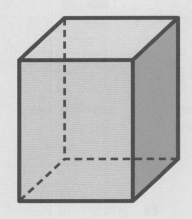

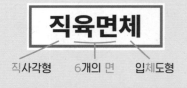

직사각형 6개로 둘러싸인 입체도형

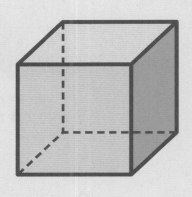

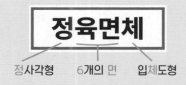

정사각형 6개로 둘러싸인 입체도형

약속

직육면체

직사각형 6개로 둘러싸인 입체도형

정육면체

정사각형 6개로 둘러싸인 입체도형

- 정사각형과 직사각형의 관계

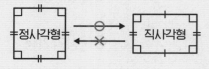

- 정육면체와 직육면체의 관계

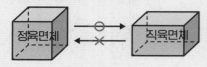

직육면체의 특징을 살펴볼까요?

이름에서 바로 알 수 있는 특징이 있어요.
면이 모두 직사각형이고, 6개라는 것이죠.

관찰해서 찾을 수 있는 특징도 있어요.
도형을 둘러싸고 있는 6개의 면은 어떤 성질을
가지고 있을까요?

밑면 2개
➕
옆면 4개

면이 모두 6개
⬇
직육면체

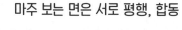
마주 보는 면은 서로 평행, 합동

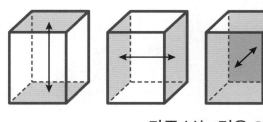
마주 보는 면은 **3쌍**

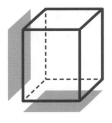
평행사변형처럼
보이지만
정면에서 바라본다고
생각해 봐.

모든 면이 직사각형

밑면과 옆면, 이웃한 옆면은 서로 만나.

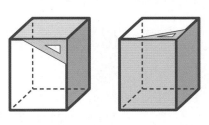
만나는 면은 서로 수직

성질

직육면체의 성질

- 면이 6개 있습니다.
- 모든 면은 직사각형입니다.
- 마주 보는 두 면은 서로 평행하고, 합동입니다.
- 만나는 두 면은 서로 수직입니다.

02강 · 직육면체

약속 확인 1

직육면체에는 '직', 정육면체에는 '정'을 쓰세요.

❶

(   ) (   ) (   ) (   ) (   )

❷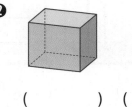

(   ) (   ) (   ) (   ) (   )

성질 확인 2

직육면체에서 색칠한 면과 평행한 면을 찾아 색칠하세요.

직육면체에서 평행한 면은
서로 마주 보는 면이에요.

❶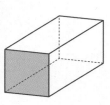

❷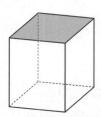

❸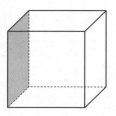

❹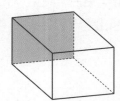

성질 확인 **3**

직육면체에서 수직인 면은
서로 만나는 면이에요.

직육면체에서 색칠한 면과 수직인 면을 모두 찾아 ○표 하세요.

직육면체에서 만나는 면은 서로 수직이에요.

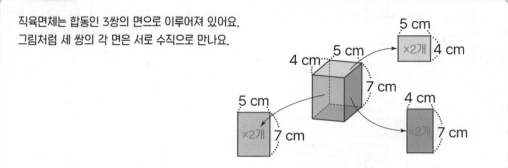

직육면체는 합동인 3쌍의 면으로 이루어져 있어요.
그림처럼 세 쌍의 각 면은 서로 수직으로 만나요.

❶

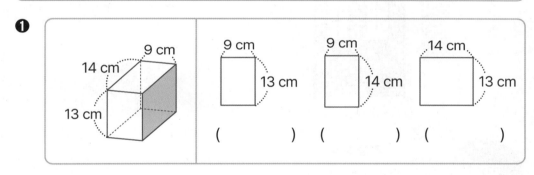

❷

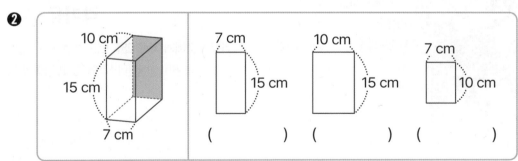

❸

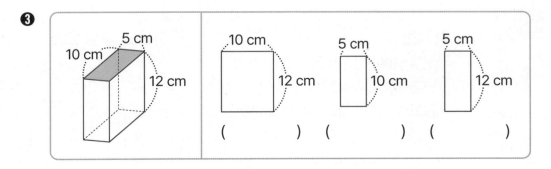

평행한 두 평면으로 알아보는 각기둥의 약속

도형의 이름에 약속이 들어 있다고 했지요? 그렇다면 '각기둥'에는 어떤 약속이 있을까요?

'기둥'은 말그대로 기둥 모양의 입체도형을 나타내고, '각'은 밑면의 모양인 '다각형'에서 가져 왔어요.

정리해 보면 기둥 모양의 도형 중 밑면이 다각형인 입체도형을 각기둥이라고 한답니다.

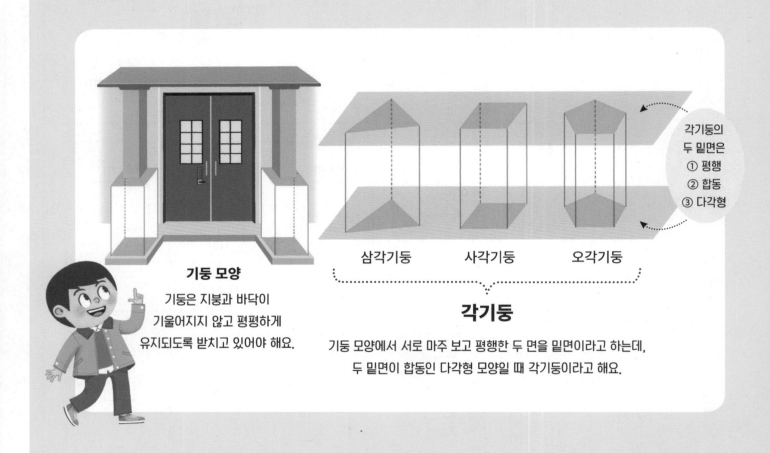

각기둥의 두 밑면은
① 평행
② 합동
③ 다각형

삼각기둥　사각기둥　오각기둥

각기둥

기둥 모양

기둥은 지붕과 바닥이 기울어지지 않고 평평하게 유지되도록 받치고 있어야 해요.

기둥 모양에서 서로 마주 보고 평행한 두 면을 밑면이라고 하는데, 두 밑면이 합동인 다각형 모양일 때 각기둥이라고 해요.

약속

각기둥

- 서로 평행하고 합동인 두 면이 있고, 모든 면이 다각형인 입체도형
- 밑면의 모양에 따라 각기둥의 이름을 붙입니다.

각기둥의 구성 요소

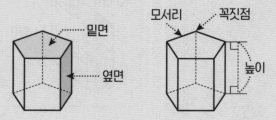

밑면 · 옆면 · 모서리 · 꼭짓점 · 높이

각기둥의 특징을 살펴볼까요?

각기둥의 면은 다각형인 밑면과 직사각형인 옆면으로 나눌 수 있어요.

어떤 특징이 있는지 밑면과 옆면으로 나눠 살펴볼까요?

밑면은 항상 2개,
두 밑면은 서로 평행하고 합동

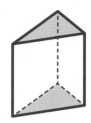

옆면은 모두 직사각형

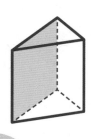 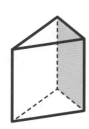 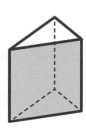

밑면과 옆면은
수직으로 만나.

위에 있어도 뉘여서 옆에 있어도 이름은 밑면!

밑면 ⟶ 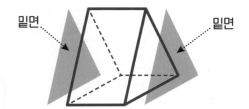 ⟵ 밑면

옆면의 수는 한 밑면의 변의 수와 같아.

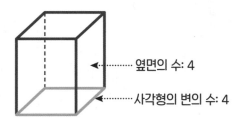

옆면의 수: 4

사각형의 변의 수: 4

성질

각기둥의 밑면과 옆면의 성질

- 두 밑면은 옆면과 모두 수직으로 만납니다.
- 밑면은 2개입니다.
- 옆면은 모두 직사각형입니다.
- 옆면의 수는 한 밑면의 변의 수와 같습니다.

성질 확인 **1**

각기둥에서 평행한 면은 서로
마주 보는 면이에요.

각기둥에서 색칠한 면과 평행한 면을 찾아 색칠하세요.

❶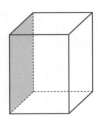

❷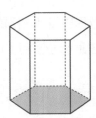

❸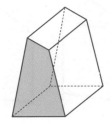

❹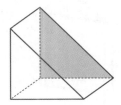

약속 이해 **2**

각기둥의 밑면을 모두 찾아 색칠하고 각기둥의 이름을 쓰세요.

❶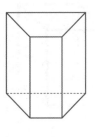

(   )

❷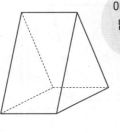

아래에 놓여 있다고
밑면이 되는 것은
아니에요.

(   )

❸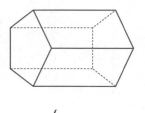

(   )

❹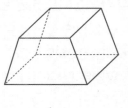

(   )

성질 확인 **3**

각기둥에서 밑면에 수직인 면은 옆면이고, 옆면의 수는 한 밑면의 변의 수와 같아요.

각기둥을 보고 밑면에 수직인 면의 수를 쓰세요.

❶
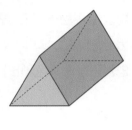

(   )

❷
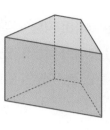

(   )

❸
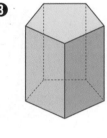

(   )

❹
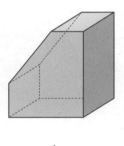

(   )

오개념 확인 **4**

각기둥에 대한 설명이 맞으면 ○표, 틀리면 ✕표 하세요.

❶ 밑면의 모양이 원인 각기둥은 없습니다. ·············· ☐

❷ 각기둥의 옆면은 모두 삼각형입니다. ·············· ☐

❸ 각기둥의 옆면은 항상 4개입니다. ·············· ☐

❹ 삼각기둥의 옆면은 삼각형입니다. ·············· ☐

뾰족한 뿔과 마주 보는 면으로 알아보는 각뿔의 약속

각기둥과 각뿔은 '각'이 공통으로 들어 있으니까 다른 부분을 살펴보면 좀더 쉽게 알 수 있어요.
'뿔'은 말그대로 뾰족한 부분이 있는 뿔 모양의 입체도형을 나타내고, '각'은 밑면의 모양인 '다각형'에서 가져
왔어요. 정리해 보면 뿔 모양의 도형 중 밑면이 다각형인 입체도형을 각뿔이라고 한답니다.

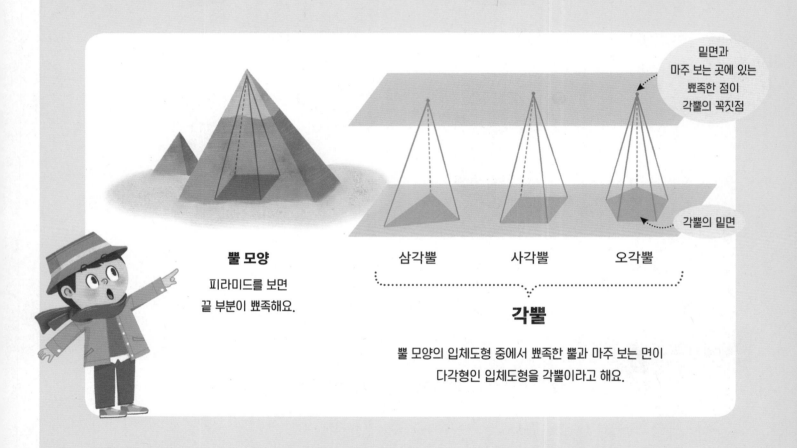

밑면과
마주 보는 곳에 있는
뾰족한 점이
각뿔의 꼭짓점

각뿔의 밑면

뿔 모양

피라미드를 보면
끝 부분이 뾰족해요.

삼각뿔   사각뿔   오각뿔

각뿔

뿔 모양의 입체도형 중에서 뾰족한 뿔과 마주 보는 면이
다각형인 입체도형을 각뿔이라고 해요.

약속

각뿔

- 뾰족한 뿔 모양에 옆면이 모두 삼각
형이고 밑면이 다각형인 입체도형
- 밑면의 모양에 따라 각뿔의 이름을
붙입니다.

각뿔의 구성 요소

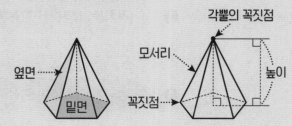

옆면

밑면

각뿔의 꼭짓점

모서리

높이

꼭짓점

각뿔의 특징을 살펴볼까요?

각뿔의 면은 다각형인 밑면과 삼각형인 옆면으로 나눌 수 있어요.
어떤 특징이 있는지 밑면과 옆면으로 나눠 살펴볼까요?

밑면은 항상 1개,
뾰족한 뿔과 마주 보는 쪽에 있는 면이야.

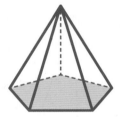

옆면은 모두 삼각형

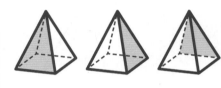

모든 면이
서로 만나.

뉘여서 옆에 있어도 이름은 밑면!

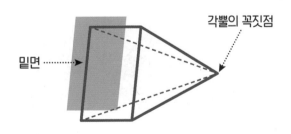

각뿔의 꼭짓점

밑면

옆면의 수는 밑면의 변의 수와 같아.

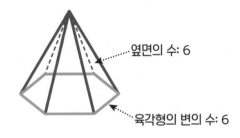

옆면의 수: 6

육각형의 변의 수: 6

성질

각뿔의 밑면과 옆면의 성질

- 밑면과 모든 옆면이 서로 만납니다.
- 밑면은 1개입니다.
- 옆면은 모두 삼각형입니다.
- 옆면의 수는 밑면의 변의 수와 같습니다.

약속 이해 **1**

각뿔에서 밑면을 찾아 색칠하세요.

❶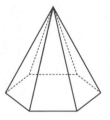

❷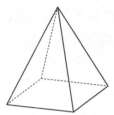

❸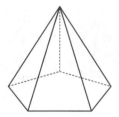

❹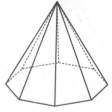

약속 확인 **2**

각뿔을 보고 이름을 쓰세요.

각뿔의 이름은
밑면의 모양에 따라 정해요.

❶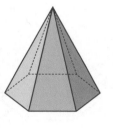

(   )

❷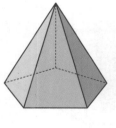

(   )

바닥에 놓여
있다고 밑면이
되는 것은
아니에요.

❸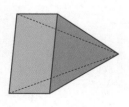

(   )

❹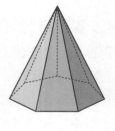

(   )

성질 확인 **3**

각뿔을 보고 옆면의 수를 쓰세요.

❶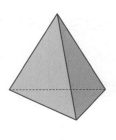

( )

❷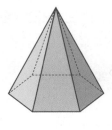

( )

❸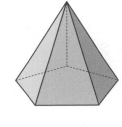

( )

❹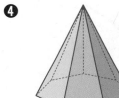

( )

오개념 확인 **4**

각뿔에 대한 설명이 맞으면 ○표, 틀리면 ✕표 하세요.

❶ 각뿔의 옆면은 모두 삼각형입니다. ┄┄┄┄┄ ☐

❷ 각뿔의 밑면과 옆면은 서로 수직으로 만납니다. ┄┄┄┄ ☐

❸ 각뿔의 옆면은 모두 한 점에서 만납니다. ┄┄┄┄ ☐

❹ 오각뿔의 옆면은 오각형입니다. ┄┄┄┄ ☐

각기둥의 구성 요소의 개수 구하는 공식

각기둥의 꼭짓점, 면, 모서리의 수의 규칙을 한 밑면의 변의 수와 관련지어 찾아보세요.

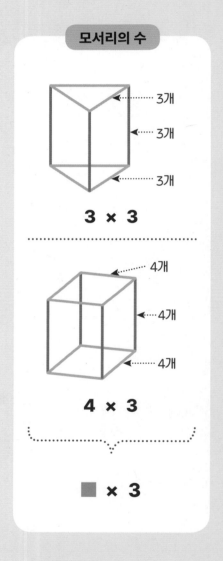

	꼭짓점의 수	면의 수	모서리의 수
삼각기둥	3개 3개 **3 × 2**	밑면: 2개 옆면: 3개 **3 + 2**	3개 3개 3개 **3 × 3**
사각기둥	4개 4개 **4 × 2**	밑면: 2개 옆면: 4개 **4 + 2**	4개 4개 4개 **4 × 3**
■각기둥	■ × 2	■ + 2	■ × 3

공식

■각기둥의 구성 요소의 개수

(꼭짓점의 수)
=■×2

(면의 수)
=■+2

(모서리의 수)
=■×3

각뿔의 구성 요소의 개수 구하는 공식

각뿔의 꼭짓점, 면, 모서리의 수의 규칙을 밑면의 변의 수와 관련지어 찾아보세요.

	꼭짓점의 수	면의 수	모서리의 수
삼각뿔	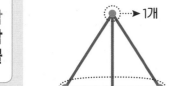 1개 / 3개	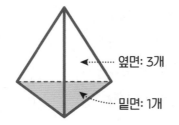 옆면: 3개 / 밑면: 1개	3개 / 3개
	3 + 1	3 + 1	3 × 2
사각뿔	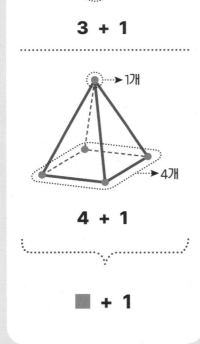 1개 / 4개	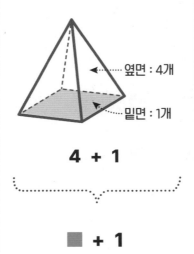 옆면 : 4개 / 밑면 : 1개	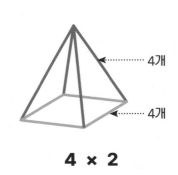 4개 / 4개
	4 + 1	4 + 1	4 × 2
■각뿔	■ + 1	■ + 1	■ × 2

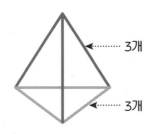

■각뿔의 구성 요소의 개수

(꼭짓점의 수)	(면의 수)	(모서리의 수)
= ■ + 1	= ■ + 1	= ■ × 2

공식 이해 **1**

각기둥과 각뿔을 보고 구성 요소의 수를 구하세요.

❶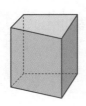

한 밑면의 변의 수(개)	
꼭짓점의 수(개)	
면의 수(개)	
모서리의 수(개)	

❷

밑면의 변의 수(개)	
꼭짓점의 수(개)	
면의 수(개)	
모서리의 수(개)	

❸

한 밑면의 변의 수(개)	
꼭짓점의 수(개)	
면의 수(개)	
모서리의 수(개)	

❹

밑면의 변의 수(개)	
꼭짓점의 수(개)	
면의 수(개)	
모서리의 수(개)	

❺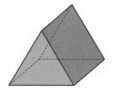

한 밑면의 변의 수(개)	
꼭짓점의 수(개)	
면의 수(개)	
모서리의 수(개)	

❻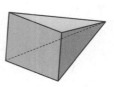

밑면의 변의 수(개)	
꼭짓점의 수(개)	
면의 수(개)	
모서리의 수(개)	

공식 적용 **2**

■각기둥에서
꼭짓점의 수 ➡ ■×2,
면의 수 ➡ ■+2,
모서리의 수 ➡ ■×3

각기둥의 구성 요소의 수를 구하세요.

❶ 삼각기둥의 모서리의 수 ( )

❷ 사각기둥의 꼭짓점의 수 ( )

❸ 오각기둥의 면의 수 ( )

❹ 육각기둥의 모서리의 수 ( )

공식 적용 **3**

■각뿔에서
꼭짓점의 수 ➡ ■+1,
면의 수 ➡ ■+1,
모서리의 수 ➡ ■×2

각뿔의 구성 요소의 수를 구하세요.

❶ 삼각뿔의 면의 수 ( )

❷ 사각뿔의 모서리의 수 ( )

❸ 오각뿔의 꼭짓점의 수 ( )

❹ 육각뿔의 면의 수 ( )

공식 활용 4

이름을 알면 다른 구성 요소의
수를 구할 수 있어요.

다음을 구하세요.

❶ 꼭짓점이 10개인 각기둥의 모서리의 수   (   )

❷ 모서리가 18개인 각기둥의 꼭짓점의 수   (   )

❸ 면이 9개인 각기둥의 꼭짓점의 수   (   )

❹ 꼭짓점이 6개인 각기둥의 면의 수   (   )

공식 활용 5

먼저 주어진 조건으로 각뿔의
이름을 찾아요.

다음을 구하세요.

❶ 면이 6개인 각뿔의 꼭짓점의 수   (   )

❷ 모서리가 6개인 각뿔의 면의 수   (   )

❸ 꼭짓점이 5개인 각뿔의 모서리의 수   (   )

❹ 면이 7개인 각뿔의 꼭짓점의 수   (   )

공식 활용 **6**

다음에서 설명하는 입체도형의 이름을 쓰세요.

❶
• 모든 면이 삼각형이야.
• 꼭짓점이 4개야.

먼저 각기둥인지 각뿔인지
구분하는 것이 필요해요.

모든 면이 삼각형이므로 각뿔!
꼭짓점이 4개이므로
밑면의 모양이 삼각형인 삼각뿔!

	각기둥	각뿔
밑면	2개, 다각형	1개, 다각형
옆면	직사각형	삼각형
특징	밑면과 옆면이 수직으로 만남	모든 옆면이 한 점에서 만남

(　　　　　　　)

❷
• 밑면과 옆면이 수직으로 만나.
• 꼭짓점이 14개야.

(　　　　　)

❸
• 옆면이 모두 한 점에서 만나.
• 면이 6개야.

(　　　　　)

❹
• 옆면이 모두 직사각형이야.
• 모서리가 18개야.

(　　　　　)

❺
• 밑면이 1개야.
• 모서리의 수가 면의 수보다 3개 더 많아.

(　　　　　)

밑면의 모양이 원인 입체도형을 알아볼까요?

앞에서는 밑면의 모양이 다각형인 입체도형 중에서 각기둥과 각뿔을 살펴봤어요.

도형의 이름에 약속이 들어 있다는 걸 떠올려 보면 다음 입체도형들의 이름을 맞힐 수 있을 거예요.

각기둥처럼 기둥 모양이면서 밑면이 원인 입체도형을 '원기둥',

각뿔처럼 뿔 모양이면서 밑면이 원인 입체도형을 '원뿔'이라고 해요.

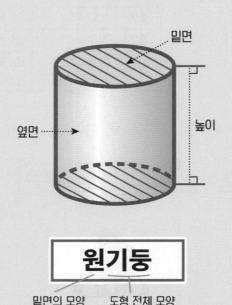

밑면

옆면

높이

원기둥

밑면의 모양　　도형 전체 모양

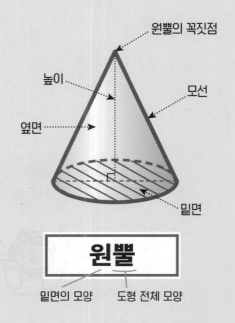

원뿔의 꼭짓점

높이

모선

옆면

밑면

원뿔

밑면의 모양　　도형 전체 모양

약속

원기둥

두 밑면이 원인 기둥 모양의 입체도형

원기둥의 성질

- 밑면: 원, 2개
- 옆면: 굽은 면, 1개

원뿔

밑면이 원인 뿔 모양의 입체도형

원뿔의 성질

- 밑면: 원, 1개
- 옆면: 굽은 면, 1개

밑면은 없지만 원 모양을 볼 수 있는 입체도형이 있어요. 공과 같이 어느 쪽에서 보아도 원으로 보이는 입체도형을 구라고 해요. 종이 위에 그려서 나타내면 원처럼 보이지만 구분될 수 있도록 입체감을 표현해 주세요.

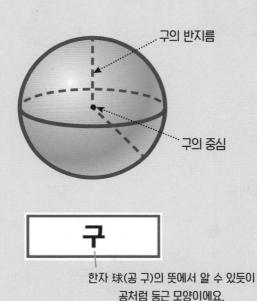

구의 반지름

구의 중심

구

한자 球(공 구)의 뜻에서 알 수 있듯이
공처럼 둥근 모양이에요.

구
어느 쪽에서 보아도 원으로 보이는 입체도형

구의 성질
- 구의 중심: 구의 가장 안쪽에 있는 점, 1개
- 구의 반지름: 구의 중심에서 구의 겉면의 한 점을 이은 선분
- (구의 지름)=(구의 반지름)×2

모선과 모서리는 다른가요?

각기둥과 각뿔에서 면과 면이 만나는 선분을 모서리라고 했어요. 모서리는 평평한 면끼리 만났을 때 생기고, 몇 개인지 셀 수도 있어요.

그런데 원기둥과 원뿔처럼 옆면이 굽은 면으로 되어 있는 입체도형에서 원기둥의 높이를 나타내는 옆면 위의 선분과 원뿔의 꼭짓점에서 밑면인 원의 둘레의 한 점을 이은 선분인 모선은 셀 수 없이 많아요.

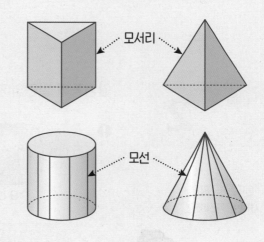

모서리

모선

원뿔에서 모선의 길이는
항상 높이보다 길어요!

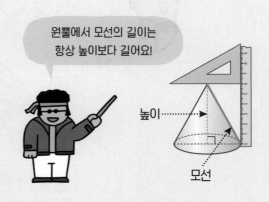

높이

모선

 복습 06강 · 원기둥, 원뿔, 구

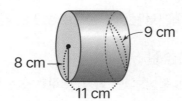

약속 확인 1

원기둥을 찾아 ○표 하세요.

❶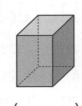

(   ) (   ) (   ) (   ) (   )

❷

(   ) (   ) (   ) (   ) (   )

약속 이해 2

원기둥의 밑면의 지름과 높이를 구하세요.

높이는 두 밑면 사이의 거리예요.

❶

5 cm

9 cm

밑면의 지름	
높이	

❷

10 cm

10 cm

밑면의 지름	
높이	

❸

6 cm

8 cm

10 cm

밑면의 지름	
높이	

❹

9 cm

8 cm

11 cm

밑면의 지름	
높이	

34

약속 확인 **3**

원뿔을 보고 구성 요소의 이름을 알맞게 써넣으세요.

❶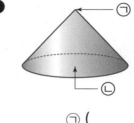

ㄱ (   )

ㄴ (   )

❷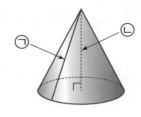

ㄱ (   )

ㄴ (   )

약속 이해 **4**

원뿔의 밑면의 지름, 모선의 길이, 높이를 구하세요.

높이와 모선을
헷갈리면 안 돼요.

❶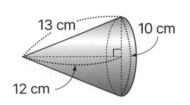

밑면의 지름	
모선의 길이	
높이	

❷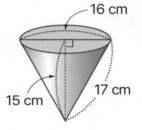

밑면의 지름	
모선의 길이	
높이	

❸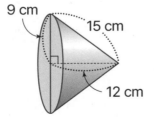

밑면의 지름	
모선의 길이	
높이	

❹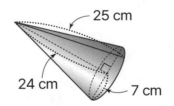

밑면의 지름	
모선의 길이	
높이	

약속 이해 5

구의 지름을 구하세요.

❶
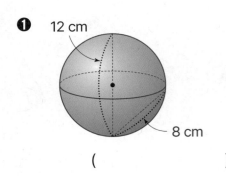

12 cm

8 cm

( )

❷
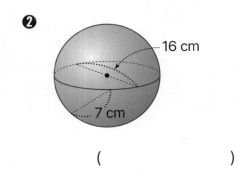

16 cm

7 cm

( )

약속 이해 6

도형에 대한 설명으로 알맞은 것에 ○표 하세요.

❶
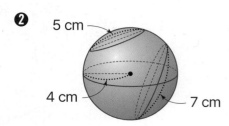

4 cm

6 cm

· 높이는 6 cm입니다. ············ ☐

· 밑면의 반지름은 4 cm입니다. ········ ☐

· 두 밑면의 넓이는 같습니다. ·········· ☐

❷
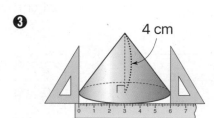

5 cm

4 cm

7 cm

· 구의 지름은 5 cm입니다. ············ ☐

· 구의 반지름은 4 cm입니다. ·········· ☐

· 구의 지름은 7 cm입니다. ············ ☐

❸

4 cm

· 밑면의 지름은 6 cm입니다. ·········· ☐

· 모선의 길이는 4 cm보다 짧습니다. ·· ☐

· 모선은 2개입니다. ················· ☐

약속 이해 7

두 입체도형의 공통점으로 알맞은 것에 ○표 하세요.

❶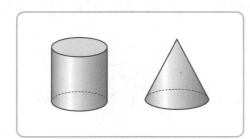

- 옆면은 굽은 면입니다. ‥‥ ☐
- 평평한 면이 1개입니다. ‥‥ ☐
- 꼭짓점이 있습니다. ‥‥‥‥ ☐

❷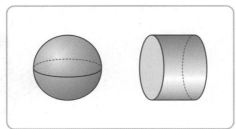

- 평평한 면이 있습니다. ‥‥ ☐
- 굽은 면이 있습니다. ‥‥‥‥ ☐
- 밑면의 모양이 원입니다. ‥‥ ☐

오개념 확인 8

입체도형에 대한 설명을 읽고 맞으면 ○표, 틀리면 ✕표 하세요.

❶ 원기둥의 옆면은 굽은 면입니다. ‥‥‥‥‥‥‥‥‥‥ ☐

❷ 구의 중심은 셀 수 없이 많습니다. ‥‥‥‥‥‥‥‥‥‥ ☐

❸ 원뿔의 밑면과 옆면은 항상 수직으로 만납니다. ‥‥‥‥‥ ☐

❹ 원뿔의 모선의 길이는 항상 높이보다 깁니다. ‥‥‥‥‥‥ ☐

상자를 둘러싼 끈의 길이

대표문제 1

사각기둥 모양의 상자에 그림과 같이 끈을 모서리와 평행하게 하여 묶었습니다. 필요한 끈의 길이는 몇 **cm**인지 구하세요. (단, 매듭의 길이는 생각하지 않습니다.)

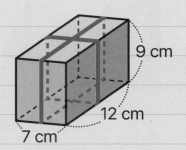

9 cm
12 cm
7 cm

> 끈과 평행한 모서리를 찾아요.
> 끈이 지나간 길이는 평행한 모서리의 길이와 같아요.

❶ 7 cm, 12 cm, 9 cm인 끈이 각각 몇 군데인지 구해요.

▶ 길이가 7 cm인 끈: 길이가 12 cm인 끈: 길이가 9 cm인 끈:

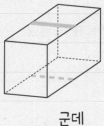   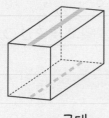   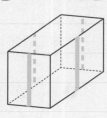

____ 군데   ____ 군데   ____ 군데

❷ 필요한 끈의 길이는 몇 cm인지 구해요.

▶ (필요한 끈의 길이)=(7×____)+(12×____)+(9×____)

      =____ + ____ + ____ = ____ (cm)

답 _____

성질 활용 **1**

사각기둥 모양의 상자에 그림과 같이 끈을 모서리와 평행하게 하여 묶었습니다. 필요한 끈의 길이는 몇 cm인지 구하세요. (단, 매듭의 길이는 생각하지 않습니다.)

❶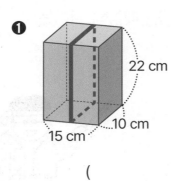

22 cm
10 cm
15 cm

(   )

❷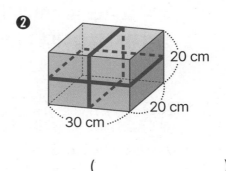

20 cm
20 cm
30 cm

(   )

❸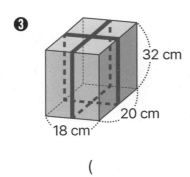

32 cm
20 cm
18 cm

(   )

❹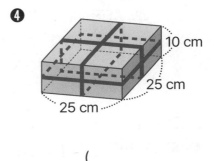

10 cm
25 cm
25 cm

(   )

보이지 않는 면에 있는 끈의 길이도 잊지 않도록 해요!

❺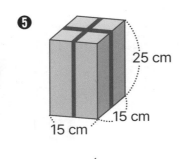

25 cm
15 cm
15 cm

(   )

❻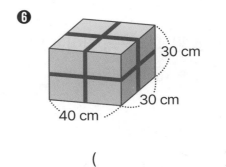

30 cm
30 cm
40 cm

(   )

상자를 둘러싼 끈의 길이

대표문제 2

원기둥 모양의 상자를 그림과 같이 밑면의 중심을 지나게 둘러싸고, 두 밑면에 평행하게 묶었습니다. 필요한 끈의 길이는 몇 cm인지 구하세요. (단, 매듭의 길이는 생각하지 않습니다.) (원주율: 3)

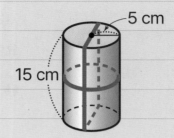

원의 중심을 지나는 직선은 지름이에요.
두 밑면에 평행하게 둘러싼 끈은 밑면의 둘레와 같아요.

❶ 두 밑면의 중심을 지나며 둘러싼 끈의 길이를 구해요.

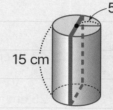

▶ 밑면의 지름의 길이: _____ cm, 원기둥의 높이: _____ cm

(두 밑면의 중심을 지나며 둘러싼 끈의 길이)

=(밑면의 지름)×2+(높이)×2

= _____ ×2+ _____ ×2= _____ (cm)

❷ 두 밑면에 평행하게 묶은 끈의 길이를 구해요.

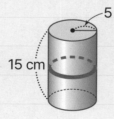

▶ 두 밑면에 평행하게 묶은 끈은 밑면의 둘레와 같으므로

(밑면의 둘레)=(밑면의 지름)×(원주율)

= _____ ×3= _____ (cm)

❸ 필요한 끈의 길이는 몇 cm인지 구해요.

▶ (필요한 끈의 길이)= _____ + _____ = _____ (cm)

답 _____

성질 활용

2

원기둥 모양의 상자를 그림과 같이 밑면의 중심을 지나게 둘러싸고, 두 밑면에 평행하게 묶었습니다. 필요한 끈의 길이는 몇 cm인지 구하세요. (단, 매듭의 길이는 생각하지 않습니다.) (원주율: 3)

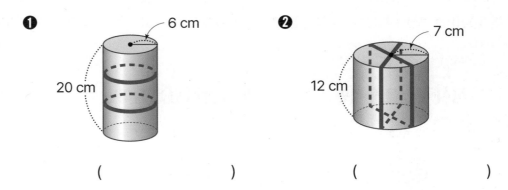

❶   6 cm
20 cm

(   )

❷   7 cm
12 cm

(   )

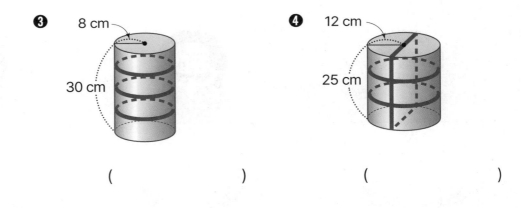

❸   8 cm
30 cm

(   )

❹   12 cm
25 cm

(   )

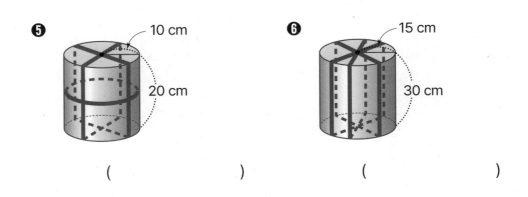

❺   10 cm
20 cm

(   )

❻   15 cm
30 cm

(   )

평면도형을 돌려서 입체도형을 만들 수 있다고?

나무젓가락에 직사각형, 직각삼각형, 반원 모양의 종이를 붙여서 돌려 보면 원기둥, 원뿔, 구가 돼요.
이렇게 평면도형을 한 변을 기준으로 하여 한 바퀴 돌렸을 때 만들어지는 입체도형을 회전체라고 해요.
이때 종이를 붙인 나무젓가락 같이 평면도형을 돌릴 때 기준이 되는 선을 회전축이라고 해요.

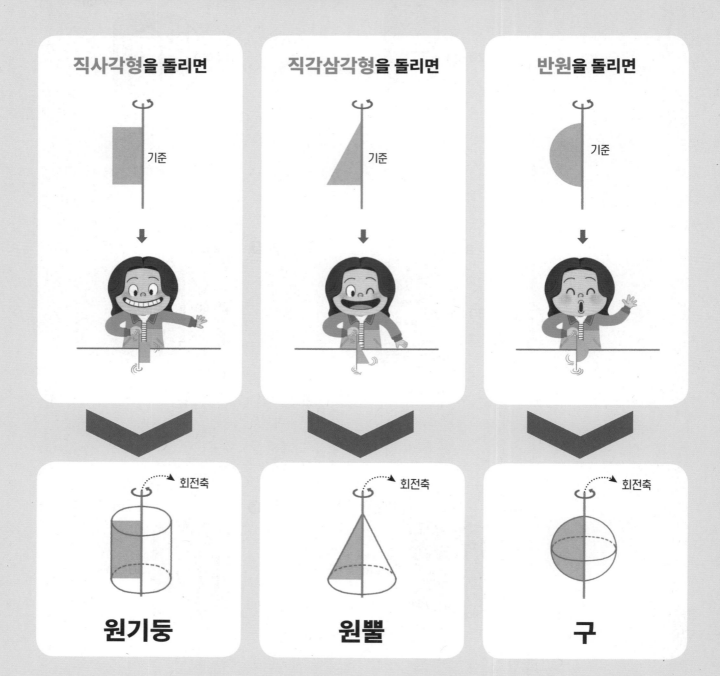

돌려서 만들 수 있는 회전체는 또 어떤 모양이 있을까요?

회전체는 옆면이 모두 굽은 면으로 되어 있어요. 그래서 각기둥, 각뿔처럼 밑면이 다각형이고 옆면이 평면도형인 입체도형은 만들어지지 않아요.

직사각형을 돌리면 원기둥 모양이 되는데, 회전축에서 떨어뜨려서 돌리면 어떻게 될까요?

회전체에서 돌리기 전의 평면도형 모양을 찾으려면 먼저 회전축을 찾으면 돼요.

회전축에서 떨어져 있는 도형을 돌리면 구멍 뚫린 모양

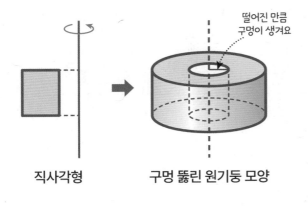

떨어진 만큼 구멍이 생겨요

직사각형 → 구멍 뚫린 원기둥 모양

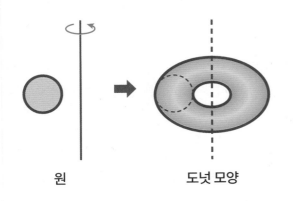

원 → 도넛 모양

여러 도형으로 이루어진 도형을 돌리면 각각의 입체도형이 합쳐진 모양

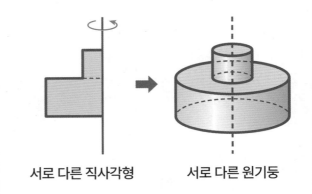

서로 다른 직사각형 → 서로 다른 원기둥

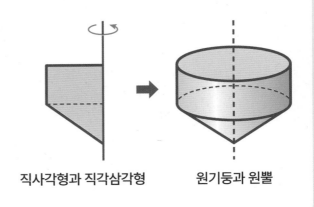

직사각형과 직각삼각형 → 원기둥과 원뿔

성질 확인 1

한 변을 기준으로 주어진 모양의 종이를 한 바퀴 돌렸을 때 만들어지는 입체도형을 찾아 ○표 하세요.

❶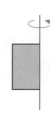

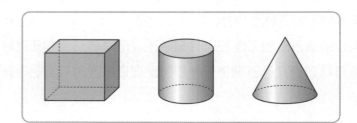

❷

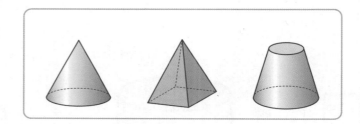

❸

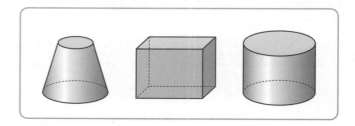

❹

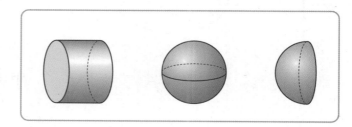

직선을 기준으로 주어진 모양의 종이를 한 바퀴 돌렸을 때 만들어지는 입체도형을 찾아 ○표 하세요.

❶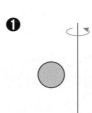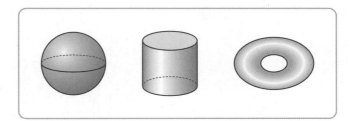

❷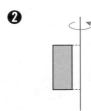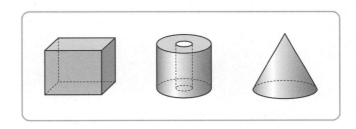

❸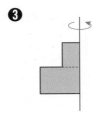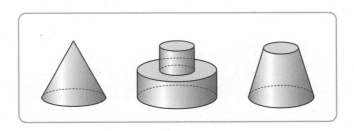

❹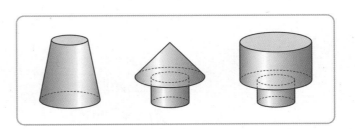

성질 확인 **3**

같은 모양의 종이를 기준이 되는 변을 다르게 하여 한 바퀴 돌렸습니다. 만들어지는 입체도형에 대해 표를 완성하세요.

❶

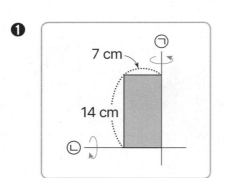

회전축	㉠	㉡
입체도형의 이름		
밑면의 지름(cm)		
높이(cm)		

❷

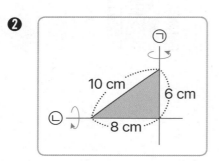

회전축	㉠	㉡
입체도형의 이름		
밑면의 지름(cm)		
높이(cm)		

❸

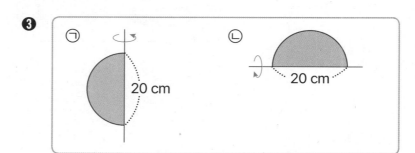

회전축	㉠	㉡
입체도형의 이름		
지름(cm)		

회전체를 보고 돌리기 전의 도형을 찾아 ○표 하세요.

회전하기 전의 모양을 찾는 방법

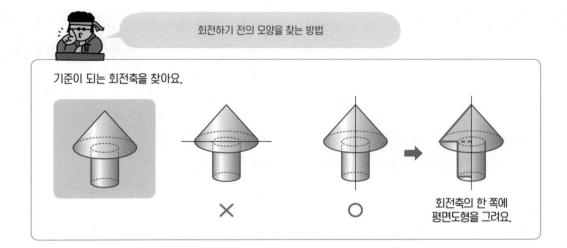

기준이 되는 회전축을 찾아요.

×   ○

회전축의 한 쪽에
평면도형을 그려요.

❶

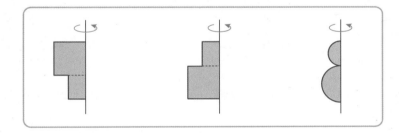

❷

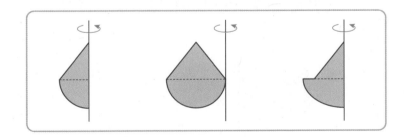

❸

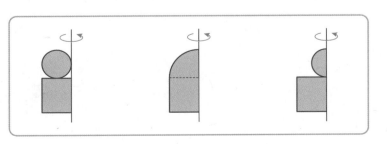

회전체를 잘라 볼까요?

두부, 사과 같은 것을 칼로 자르면 잘라 낸 면의 모양을 볼 수 있어요.

이렇게 물체의 잘라 낸 면을 단면이라고 해요. 단면의 모양은 자른 방향에 따라 달라질 수 있어요.

회전체인 원기둥, 원뿔, 구의 단면의 모양을 알아볼까요?

회전축을 포함하는 평면으로 자른 단면

직사각형

이등변삼각형

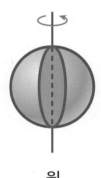

원

회전축에 수직인 평면으로 자른 단면

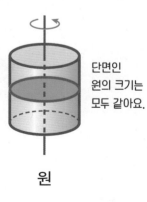

단면인
원의 크기는
모두 같아요.

원

자르는 평면의
위치에 따라 원의
크기는 달라져요.

원

원

회전체를 회전축에 수직인 평면으로 자른 단면은 모두 **원**이에요.

성질 적용 **1**

회전체를 회전축을 포함하는 평면으로 자른 단면의 모양에 ○표 하세요.

❶

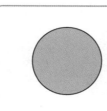

먼저 회전축을 찾고
회전축과 평행한 방향으로 잘라요.
회전체를 앞에서 본 모양과 같아요.

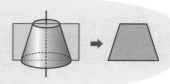

❷

❸

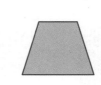 

❹

2

회전체를 회전축에 수직인 평면으로 자른 단면의 모양에 ○표 하세요.

❶

먼저 회전축을 찾고
회전축과 수직인 방향으로 잘라요.
회전체를 위에서 본 모양과 같아요.

❷

❸

❹

성질 적용 **3**

회전체를 선을 따라 자를 때 생기는 단면의 모양에 ○표 하세요.

❶

❷

❸

❹

❺

1 입체도형을 보고 겨냥도를 완성하세요.

(1) 육각기둥

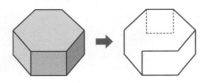

(2) 육각뿔

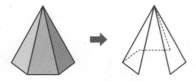

2 정육면체에서 색칠한 면과 평행한 면을 찾아 색칠하세요.

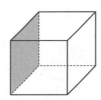

3 직육면체에서 색칠한 면과 수직인 면을 모두 찾아 〇표 하세요.

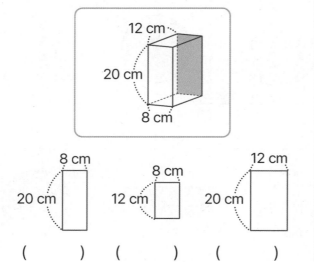

( )   ( )   ( )

4 각기둥을 보고 옆면의 수를 쓰세요.

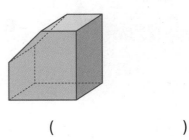

( )

5 각기둥의 밑면을 모두 찾아 색칠하고 각기둥의 이름을 쓰세요.

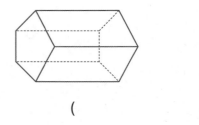

( )

6 각기둥에 대해 옳게 말한 사람의 이름을 쓰세요.

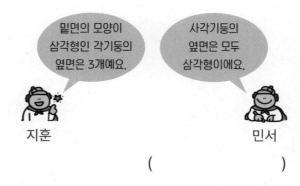

밑면의 모양이 삼각형인 각기둥의 옆면은 3개예요.

지훈

사각기둥의 옆면은 모두 삼각형이에요.

민서

( )

7 각뿔에 대한 설명으로 옳은 것을 모두 찾아 기호를 쓰세요.

> ㉠ 각뿔의 밑면은 1개입니다.
> ㉡ 육각뿔의 옆면은 육각형입니다.
> ㉢ 각뿔의 옆면은 모두 한 점에서 만납니다.

( )

8 다음을 구하세요.

(1) 삼각기둥의 모서리의 수와 면의 수의 합

( )

(2) 칠각뿔의 꼭짓점의 수와 모서리의 수의 합

( )

9 다음에서 설명하는 입체도형의 이름을 쓰세요.

(1)
> · 밑면과 옆면이 수직으로 만나.
> · 꼭짓점이 16개야.

( )

(2)
> · 옆면이 모두 한 점에서 만나.
> · 모서리가 18개야.

( )

10 도형에 대한 설명으로 옳은 것을 찾아 기호를 쓰세요.

(1)
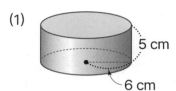
5 cm
6 cm

> ㉠ 옆면의 모양은 원입니다.
> ㉡ 밑면의 지름은 6 cm입니다.
> ㉢ 높이는 5 cm입니다.

( )

(2)
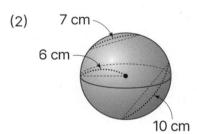
7 cm
6 cm
10 cm

> ㉠ 구의 반지름은 7 cm입니다.
> ㉡ 구의 지름은 12 cm입니다.
> ㉢ 구의 지름은 10 cm입니다.

( )

(3)
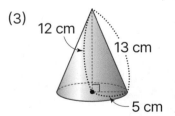
12 cm
13 cm
5 cm

> ㉠ 밑면의 지름은 5 cm입니다.
> ㉡ 모선의 길이는 13 cm입니다.
> ㉢ 모선은 2개입니다.

( )

11 회전체를 회전축에 수직인 평면으로 자른 단면의 모양을 찾아 기호를 쓰세요.

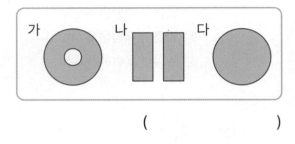

가   나   다

(   )

12 회전체를 보고 돌리기 전의 도형을 찾아 선으로 이으세요.

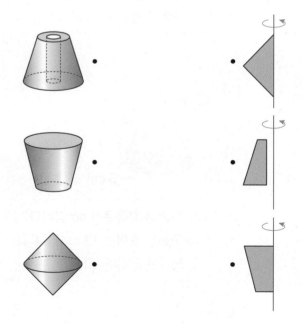

13 회전체를 회전축을 포함하는 평면으로 자른 단면과 회전축에 수직인 평면으로 자른 단면의 모양이 같은 도형을 찾아 기호를 쓰세요.

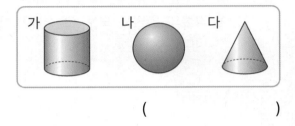

가   나   다

(   )

14 사각기둥 모양의 상자에 그림과 같이 끈을 모서리와 평행하게 하여 묶었습니다. 필요한 끈의 길이를 구하세요. (단, 매듭의 길이는 생각하지 않습니다.)

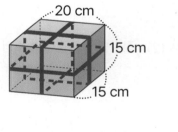

(   )

15 직각삼각형을 ㉠과 ㉡을 회전축으로 하여 한 바퀴 돌렸습니다. 만들어지는 두 입체도형의 높이의 차를 구하세요.

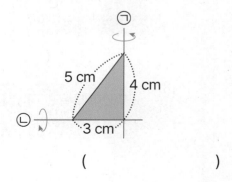

(   )

1 입체도형

2 입체도형의 전개도 ✕

3 입체도형의 겉넓이

4 입체도형의 부피

전개도란?

피자 상자를 분리수거하기 위해 정리해 본 적 있나요?

접은 부분이 찢어지지 않게 살살 펴서 바닥에 펼치면 완전히 평면이 돼요.

각기둥도 종이 상자라고 생각한 다음, 모서리를 따라 자르고 펼쳐서 평면으로 만들어 보세요.

전개도란 입체도형을 한 평면 위에 펼쳐 놓은 그림을 말해요.

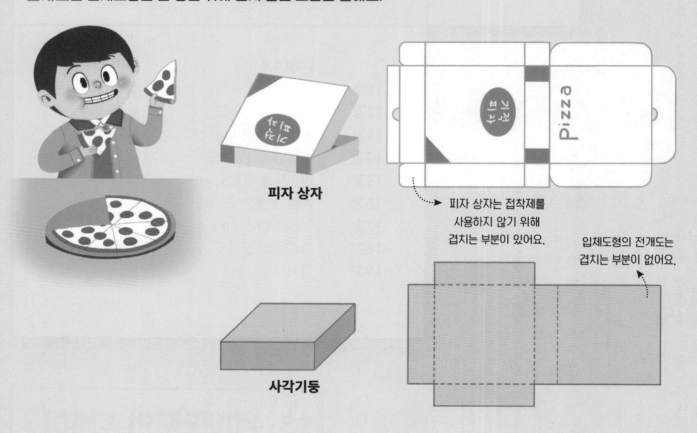

피자 상자

피자 상자는 접착제를
사용하지 않기 위해
겹치는 부분이 있어요.

입체도형의 전개도는
겹치는 부분이 없어요.

사각기둥

약속

전개도

입체도형을 한 평면 위에 펼쳐
놓은 그림

전개도를 그릴 때 주의 사항

• 겹치거나 떨어진 부분이 있으면 안 됩니다.

• 접히는 부분은 점선으로, 자르는 부분은 실선으로 나타냅니다.

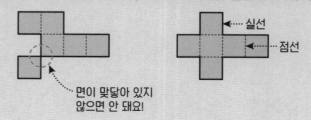

실선

점선

면이 맞닿아 있지
않으면 안 돼요!

기둥 모양과 뿔 모양의 전개도는 어떤 특징이 있을까요?

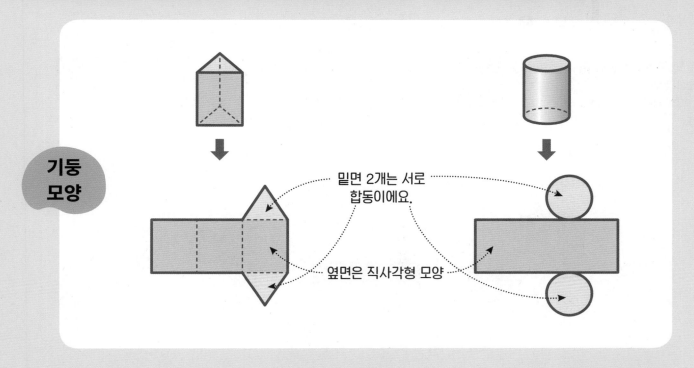

기둥 모양

밑면 2개는 서로 합동이에요.

옆면은 직사각형 모양

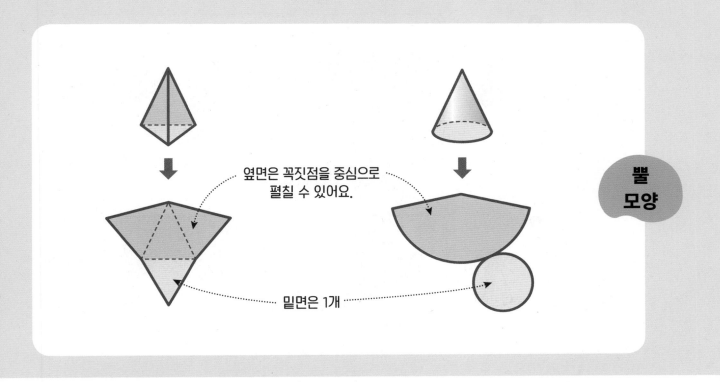

옆면은 꼭짓점을 중심으로 펼칠 수 있어요.

뿔 모양

밑면은 1개

약속 이해 **1**

기둥 모양의 전개도는 합동인 두 밑면이 있어요.
뿔 모양의 전개도는 밑면이 1개예요.

왼쪽 도형의 전개도가 될 수 없는 것을 찾아 ×표 하세요.

❶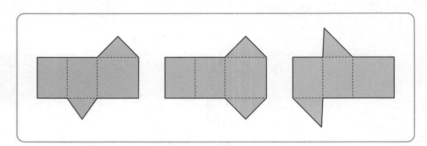

❷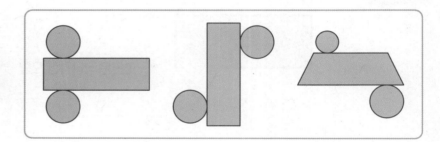

❸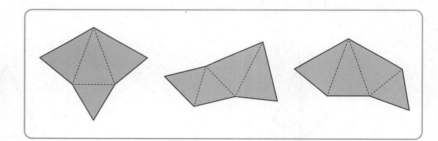

❹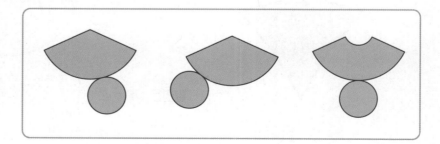

2

기둥 모양의 전개도는 밑면의
모양을 잘 보세요.
뿔 모양의 전개도는 뾰족한 부
분이 있어요.

접었을 때 만들어지는 모양이 다른 것을 찾아 ○표 하세요.

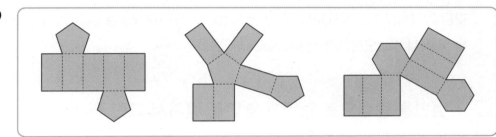

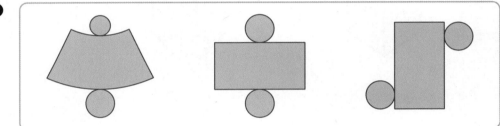

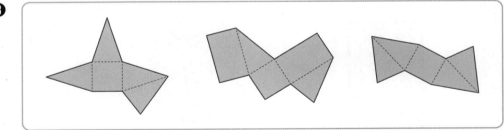

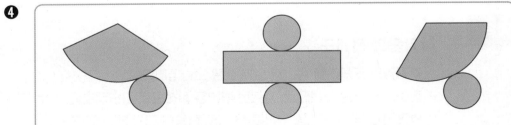

각기둥을 잘라 다양한 전개도의 모양을 알아볼까요?

같은 각기둥도 어느 모서리를 잘라 펼치는지에 따라 전개도는 여러 가지 모양으로 나타낼 수 있어요. 삼각기둥을 두 가지 방법으로 잘라서 비교해 볼까요?

옆면을 중심으로 밑면과 옆면을 펼쳐서 그린 전개도

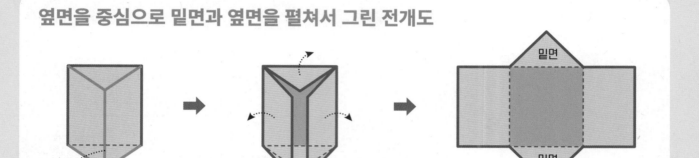

밑면을 중심으로 밑면과 옆면을 펼쳐서 그린 전개도

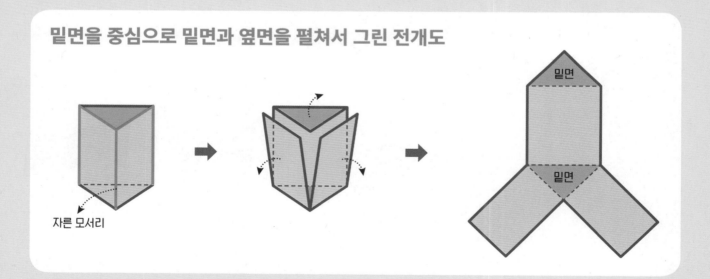

각기둥의 전개도

- 각기둥의 모서리를 잘라서 펼쳐 놓은 그림입니다.
- 접히는 부분은 점선으로, 자르는 부분은 실선으로 나타냅니다.
- 옆면은 모두 직사각형, 두 밑면은 서로 합동이 되도록 그립니다.

각기둥의 전개도는 어떤 특징이 있을까요?

전개도를 보고 바로 알 수 있는 특징은 어떤 것이 있을까요?

전개도를 접어서 각기둥을 만들 때 알 수 있는 특징은 어떤 것이 있을까요?

두 밑면은 서로 합동이에요.

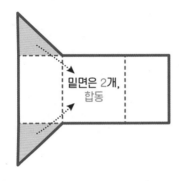

밑면은 2개, 합동

맞닿는 모서리의 길이가 같아요.

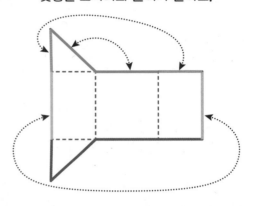

옆면은 한 밑면의 변의 수만큼 있어요.

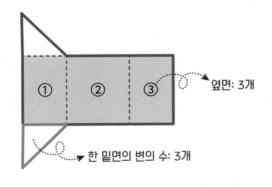

① ② ③

옆면: 3개

한 밑면의 변의 수: 3개

접으면 두 밑면은 서로 마주 봐요.

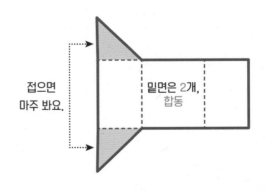

접으면 마주 봐요.

밑면은 2개, 합동

성질

각기둥의 전개도의 성질

- 두 밑면은 서로 합동입니다.
- 옆면의 수는 한 밑면의 변의 수와 같습니다.
- 접었을 때 맞닿는 부분(모서리)의 길이가 같고 두 밑면은 마주 봅니다.

12강 · 각기둥의 전개도

각기둥의 옆면은 모두 직사각형 모양이에요.

어떤 각기둥의 전개도인지 두 밑면을 찾아 ○표 하고, 각기둥의 이름을 쓰세요.

❶

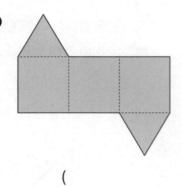

(   )

❷

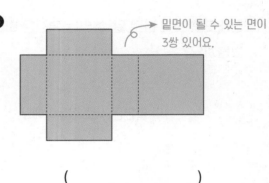

밑면이 될 수 있는 면이 3쌍 있어요.

(   )

❸

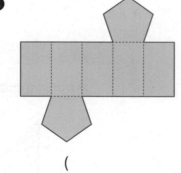

(   )

❹

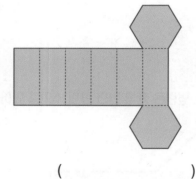

(   )

각기둥의 두 밑면은 서로 합동이에요. 사각기둥의 면을 합동인 면끼리 표시해 보세요.

❺

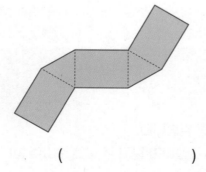

(   )

❻

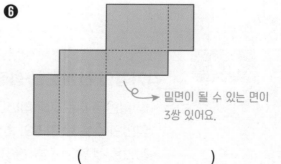

밑면이 될 수 있는 면이 3쌍 있어요.

(   )

오개념 확인   2

전개도를 접었을 때
① 서로 겹치는 면은 없는지,
② 맞닿는 부분의 길이는 같은지,
③ 옆면의 수가 한 밑면의 변의
　 수와 같은지
확인해요.

각기둥의 전개도를 나타낸 것입니다. 옳게 나타낸 것은 ○표, 잘못 나타낸 것은 ×표
에 색칠하세요.

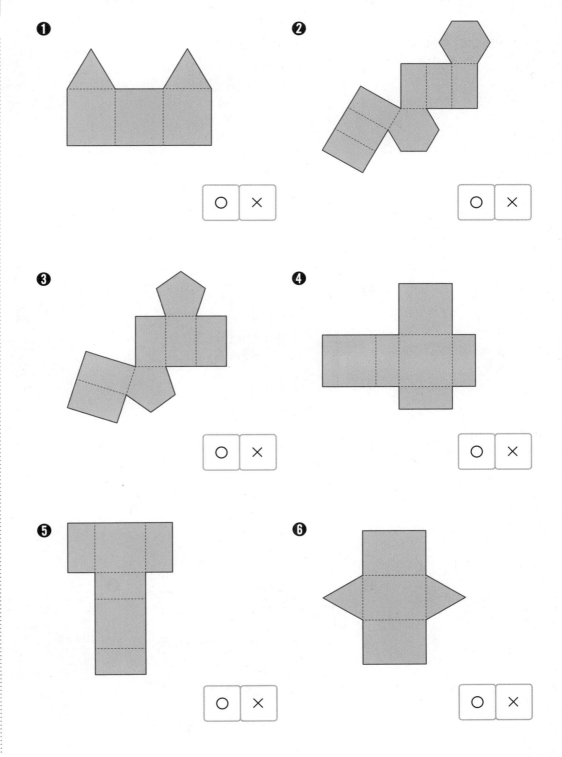

❶

○ ×

❷

○ ×

❸

○ ×

❹

○ ×

❺

○ ×

❻

○ ×

맞닿는 모서리의 길이는 같아요.

각기둥의 전개도를 보고 ☐ 안에 알맞은 수를 써넣으세요.

❶
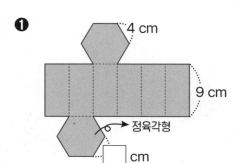
4 cm
9 cm
정육각형
☐ cm

❷
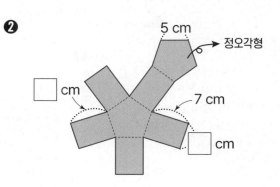
5 cm
정오각형
☐ cm
7 cm
☐ cm

❸
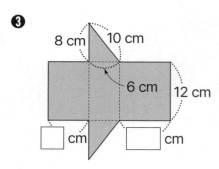
8 cm
10 cm
6 cm
12 cm
☐ cm
☐ cm

❹
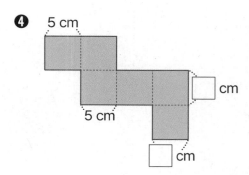
5 cm
5 cm
☐ cm
☐ cm

❺
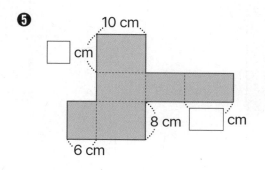
10 cm
☐ cm
8 cm
☐ cm
6 cm

❻
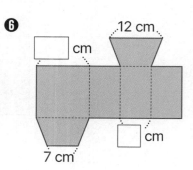
12 cm
☐ cm
☐ cm
7 cm

4

각기둥의 전개도에서 색칠한 면을 옮겨 다른 모양의 전개도를 완성하세요.

❶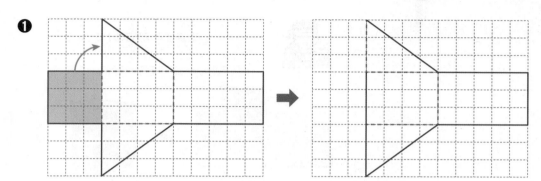

❷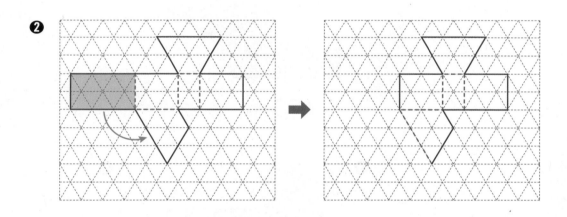

❸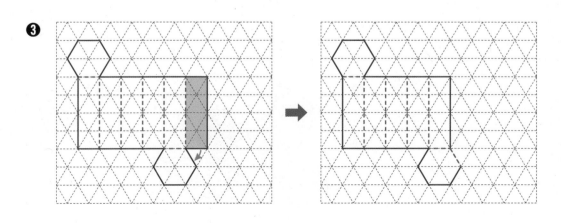

만나는 점, 만나는 선

각기둥의 전개도를 접었을 때 빨간색 점과 만나는 점을 모두 찾아 표시해 보세요.

각기둥은 각 꼭짓점에서 세 면이 만나.

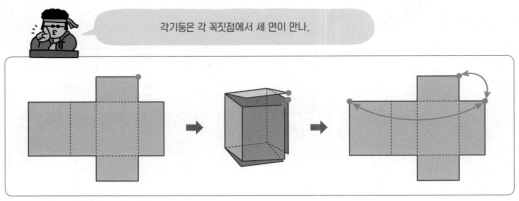

빨간색 점에서 만나는 면 3개를 먼저 찾은 후 빨간색 점과 만나는 점을 찾아봐요.

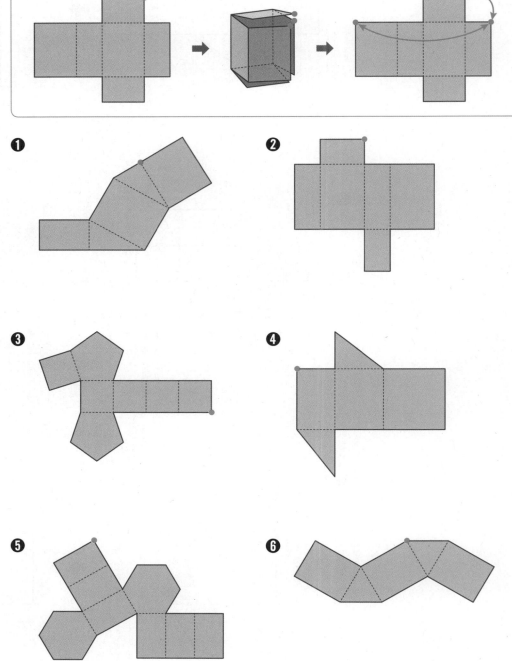

❶

❷

❸

❹

❺

❻

성질 확인 **2**

접었을 때 맞닿는 모서리를 찾아서 만나는 점을 찾을 수 있어요.

각기둥의 겨냥도를 보고 전개도로 나타낸 것입니다. 전개도를 접었을 때 만나는 꼭짓점을 찾아 □ 안에 알맞은 기호를 써넣으세요.

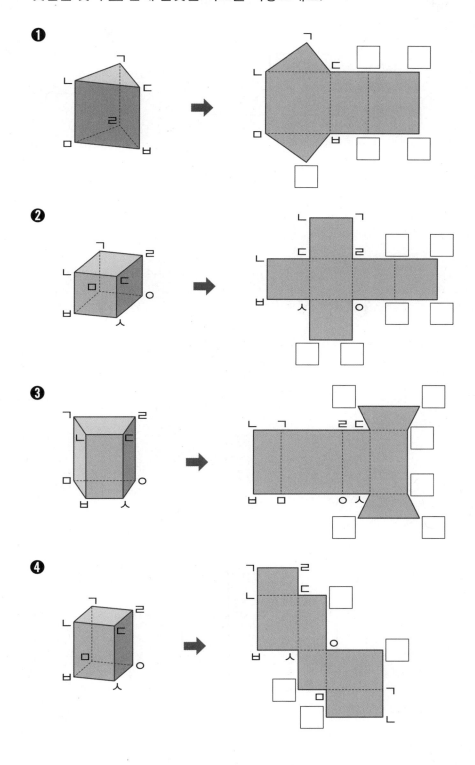

성질 확인 **3**

각기둥의 전개도입니다. 전개도를 접었을 때 색칠한 선분과 맞닿는 선분에 각각 ○표 하세요.

색칠된 선분의 양 끝점과 만나는 점을 찾아 이어요.

❶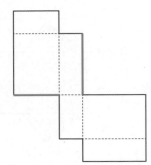

❷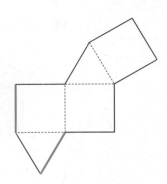

❸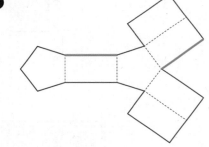

❹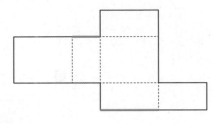

❺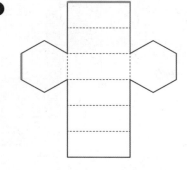

❻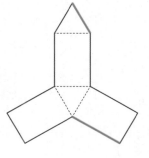

성질 적용　**4**

각기둥의 겨냥도와 전개도를 보고 □ 안에 알맞은 수를 써넣으세요.

❶

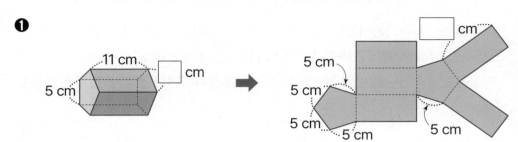

❷

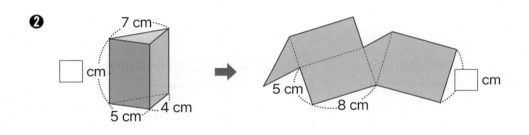

❸

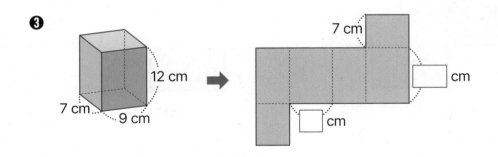

❹

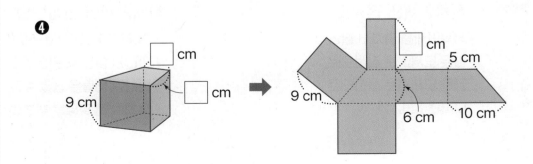

직육면체의 전개도를 그리고 특징을 살펴볼까요?

직육면체는 사각기둥이므로 각기둥의 전개도의 특징을 가지고 있어요.

모든 면이 직사각형이고 마주 보는 3쌍의 면이 모두 밑면이 될 수 있어요.

직육면체의 전개도를 보고 접었을 때의 모양을 생각하면서 평행한 면, 수직인 면을 찾아볼까요?

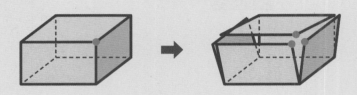

같은 색의 면끼리는 평행하고 다른 색의 면끼리는 수직으로 만나요.

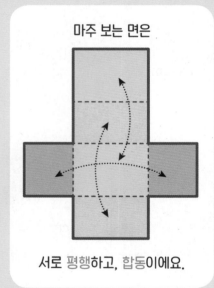

마주 보는 면은

서로 평행하고, 합동이에요.

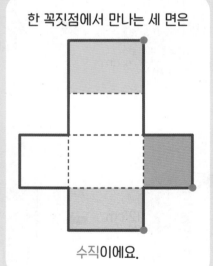

한 꼭짓점에서 만나는 세 면은

수직이에요.

만나는 두 면은 모두

수직

수직이에요.

약속

직육면체의 전개도

직육면체를 펼쳐서 잘리지 않은 모서리는 점선으로, 잘린 모서리는 실선으로 나타낸 그림

성질

직육면체의 전개도의 성질

• 면은 모두 6개이고, 직사각형 모양입니다.

• 만나지 않는 두 면은 서로 평행하고 합동입니다.

• 만나는 면들은 접었을 때 수직입니다.

• 접었을 때 맞닿는 부분(모서리)의 길이가 같습니다.

정육면체의 전개도를 그리고 특징을 살펴볼까요?

정육면체는 모든 면이 합동인 정사각형이에요.

직육면체의 전개도와 같은 방법으로 그리고, 각 면이 모두 정사각형인지 확인하면 돼요.

직육면체의 전개도가 갖는 특징을 모두 갖고 있어서 정육면체는 직육면체라고 할 수 있어요.

정육면체의 전개도의 모양은 11가지뿐이에요.

정사각형 4개가 한 줄로 있는 경우: 6가지

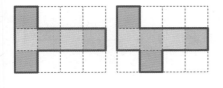

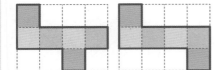

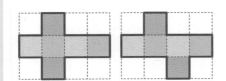

정사각형 3개가 한 줄로 있는 경우: 4가지

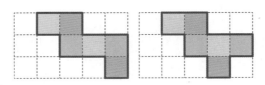

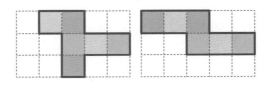

정사각형 2개가 한 줄로 있는 경우: 1가지

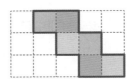

돌리거나 뒤집어서 같은 모양은 같은 전개도예요.

약속

정육면체의 전개도

정육면체를 펼쳐서 잘리지 않은 모서리는 점선으로, 잘린 모서리는 실선으로 나타낸 그림으로 모두 11가지 모양이 있습니다.

성질

정육면체의 전개도의 성질

- 면은 모두 6개이고, 정사각형 모양입니다.
- 만나지 않는 두 면은 서로 평행합니다.
- 모든 면이 합동입니다.
- 만나는 면들은 접었을 때 수직입니다.
- 모든 모서리의 길이가 같습니다.

14강 · 직육면체의 전개도

성질 확인 **1**

맞닿는 선분의 길이가 같은지 확인해요. 정육면체는 직육면체의 성질을 모두 갖고 있으므로 직육면체라고 할 수 있어요.

직육면체의 전개도를 모두 찾아 ○표 하세요.

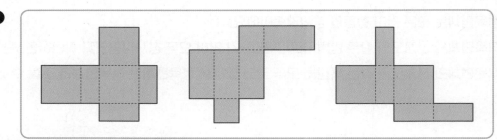

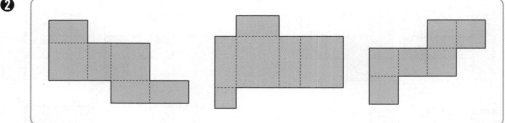

성질 확인 **2**

정육면체를 만들 수 없는 전개도를 모두 찾아 기호를 쓰세요.

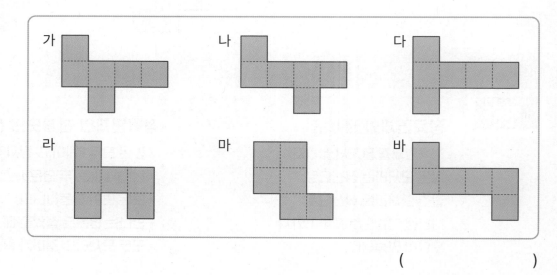

(   )

성질 확인 **3**

각 면에 수직인 면은 서로 만나는 면으로 모두 4개예요.

직육면체의 전개도를 접었을 때 색칠한 면과 수직인 면을 모두 찾아 ○표 하세요.

❶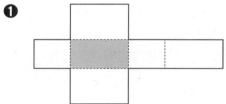

❷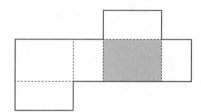

❸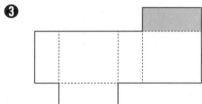

❹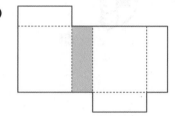

성질 확인 **4**

 정육면체에서 평행한 면은 서로 만나지 않는 면이에요.

정육면체의 전개도를 접었을 때 색칠한 면과 평행한 면을 찾아 색칠하세요.

❶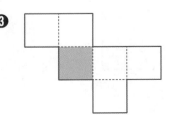

❷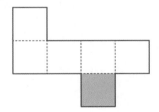

❸

❹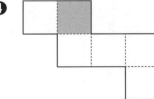

성질 적용 **5**

맞닿는 선분의
길이는 같아요.

직육면체의 전개도를 보고 ☐ 안에 알맞은 수를 써넣으세요.

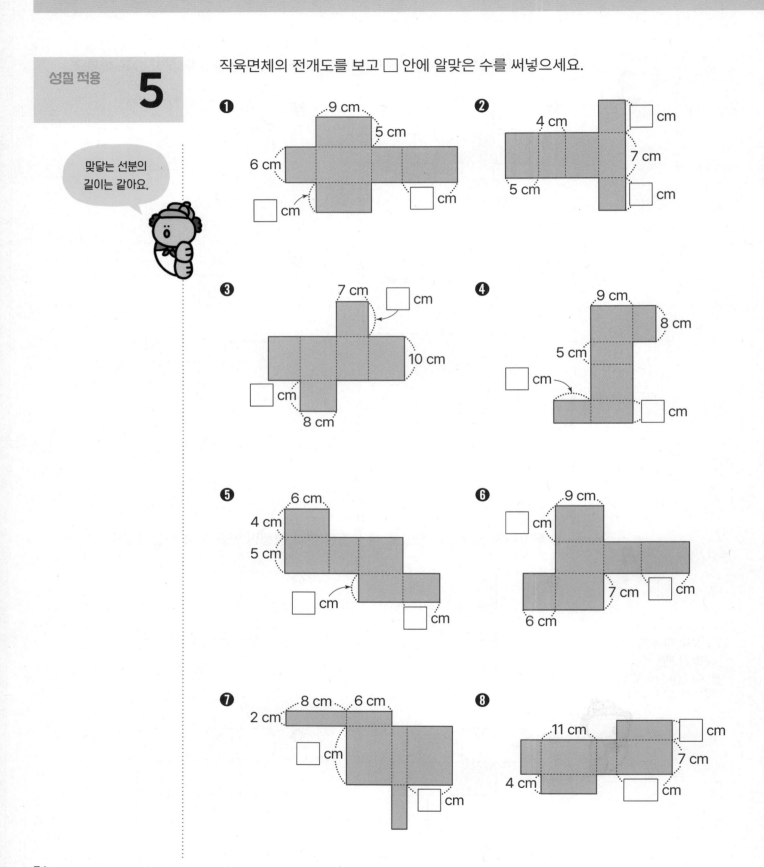

❶ 9 cm / 5 cm / 6 cm / ☐ cm / ☐ cm

❷ 4 cm / ☐ cm / 7 cm / 5 cm / ☐ cm

❸ 7 cm / ☐ cm / 10 cm / ☐ cm / 8 cm

❹ 9 cm / 8 cm / 5 cm / ☐ cm / ☐ cm

❺ 6 cm / 4 cm / 5 cm / ☐ cm / ☐ cm

❻ 9 cm / ☐ cm / 7 cm / ☐ cm / 6 cm

❼ 8 cm / 6 cm / 2 cm / ☐ cm / ☐ cm

❽ 11 cm / ☐ cm / 7 cm / 4 cm / ☐ cm

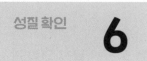

전개도를 접어서 정육면체를 만들었을 때 색칠한 선분과 맞닿는 선분에 ○표 하고, 점 ㉮와 만나는 점에 모두 ×표 하세요.

정육면체의 각 꼭짓점에서는 세 개의 면이 만나요.

❶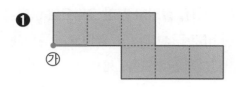

❷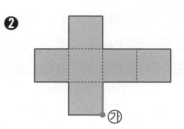

❸

❹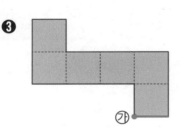

❺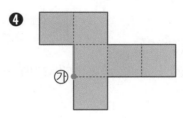

❻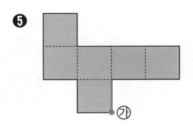

❼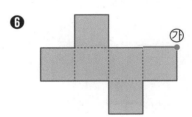

❽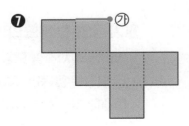

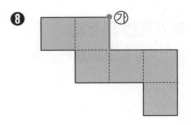

원기둥은 어디를 잘라서 펼치지?

원기둥도 입체도형이니 전개도를 그려서 만들 수 있겠지요? 각기둥의 전개도는 모서리를 잘라서 펼친 그림으로 나타냈어요. 그런데 모서리가 없는 원기둥은 어디를 잘라서 펼친 그림으로 나타낼 수 있을까요?

각기둥의 모서리와 같은 것이 원기둥에 있는데 바로 **모선**이에요. 옆면에서 높이를 나타내는 모선을 잘라 펼치면 두 밑면이 뚜껑처럼 위, 아래에 붙어 아주 간단하게 전개도를 나타낼 수 있어요.

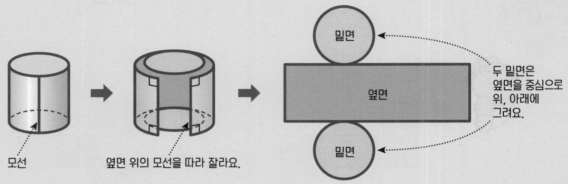

모선

옆면 위의 모선을 따라 잘라요.

밑면

옆면

밑면

두 밑면은 옆면을 중심으로 위, 아래에 그려요.

원기둥의 전개도를 그릴 때는 밑면의 위치에 주의해요.

두 밑면을 같은 쪽에 그리면 안 돼요.

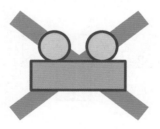

두 밑면은 합동인 원으로 그려요.

높이가 되는 쪽에 그리면 안 돼요.

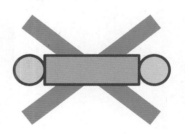

약속

원기둥의 전개도

원기둥을 잘라서 펼쳐 놓은 그림

성질

원기둥의 전개도의 성질

• 옆면은 직사각형 모양입니다.

• 두 밑면은 합동인 원이고, 옆면을 중심으로 위, 아래에 하나씩 놓입니다.

※ 원주율은 모두 3으로 계산합니다.

원기둥의 전개도에서 길이 구하기

각기둥의 전개도는 맞닿는 모서리의 길이가 같도록 그리는 것에 주의해야 해요.

모서리가 없는 원기둥은 그런 주의사항이 없을까요? 원기둥은 모서리는 없지만 맞닿는 곳이 있어요.

밑면인 원의 둘레와 옆면인 직사각형의 한 변이 만납니다. 따라서 이 부분의 길이가 딱 맞아야 바르게 그린 전개도가 될 수 있어요.

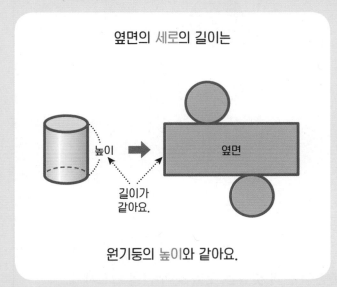

옆면의 세로의 길이는

원기둥의 높이와 같아요.

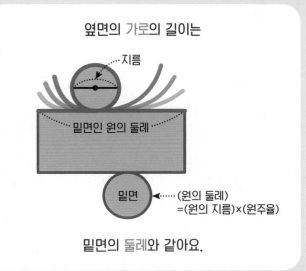

옆면의 가로의 길이는

밑면의 둘레와 같아요.

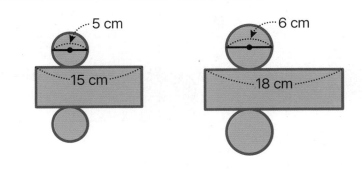

밑면의 지름이 길수록 옆면의 가로가 길어져요.

원기둥의 옆면의 성질

(옆면의 세로) = (높이)

(옆면의 가로) = (밑면의 둘레)

도형 읽기 **1**

원기둥과 전개도를 보고 각 부분에 알맞은 이름을 쓰세요.

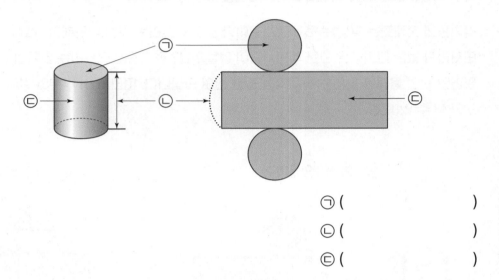

ㄱ (   )

ㄴ (   )

ㄷ (   )

도형 표현 **2**

원기둥의 전개도를 접었을 때 빨간색 선과 맞닿는 곳을 찾아 선을 그으세요.

❶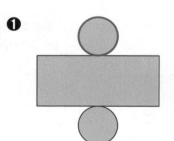

❷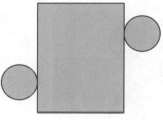

❸

❹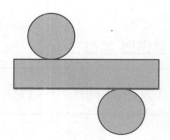

3

원기둥을 보고 전개도의 □ 안에 알맞은 수를 써넣으세요.(원주율: 3)

밑면의 둘레는
(원의 지름)×(원주율)로 구할
수 있어요.

❶

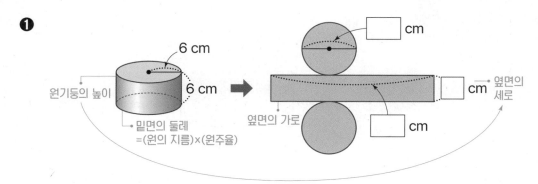

❷

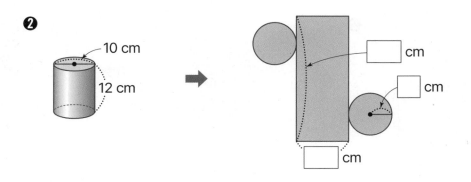

❸

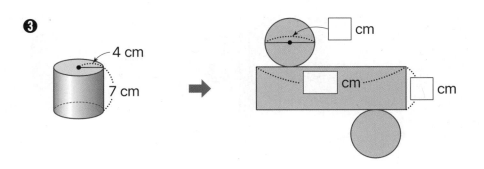

❹

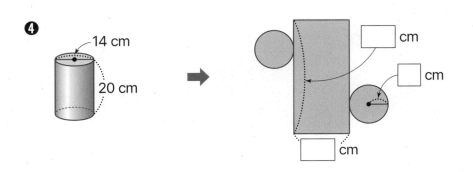

4

전개도를 보고 원기둥의 ☐ 안에 알맞은 수를 써넣으세요.(원주율: 3)

❶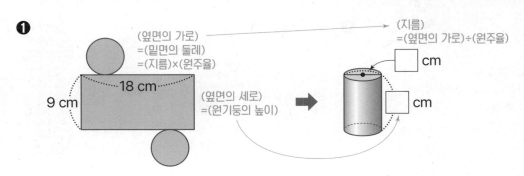

❷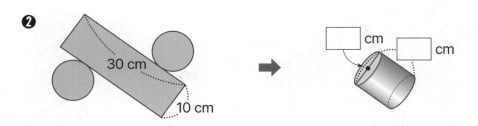

❸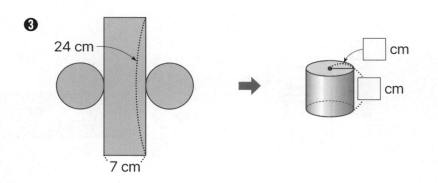

❹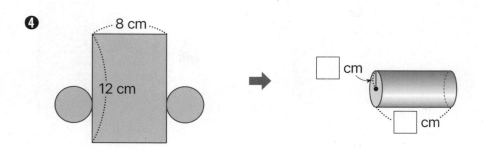

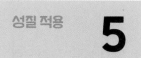

원기둥의 전개도를 보고 □ 안에 알맞은 수를 써넣으세요.(원주율: 3)

❶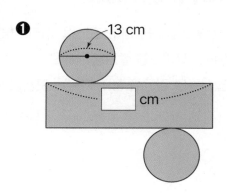
13 cm
□ cm

❷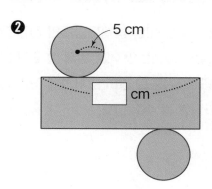
5 cm
□ cm

❸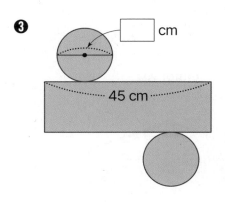
□ cm
45 cm

❹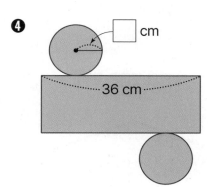
□ cm
36 cm

❺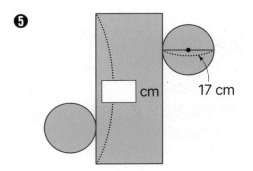
□ cm
17 cm

❻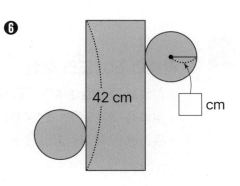
42 cm
□ cm

각뿔의 전개도는 어떤 특징이 있을까요?

앞에서 기둥 모양 입체도형들의 전개도를 알아보았어요. 모서리나 모선을 따라 자른 다음 펼쳐 놓은 그림으로 특징들도 살펴보았구요. 이제 뿔 모양 입체도형들의 전개도를 살펴볼 거예요.

각뿔도 각기둥과 같이 모서리를 따라 잘라서 펼치는데 같은 도형도 자르는 모서리에 따라 전개도의 모양은 여러 가지가 될 수 있어요.

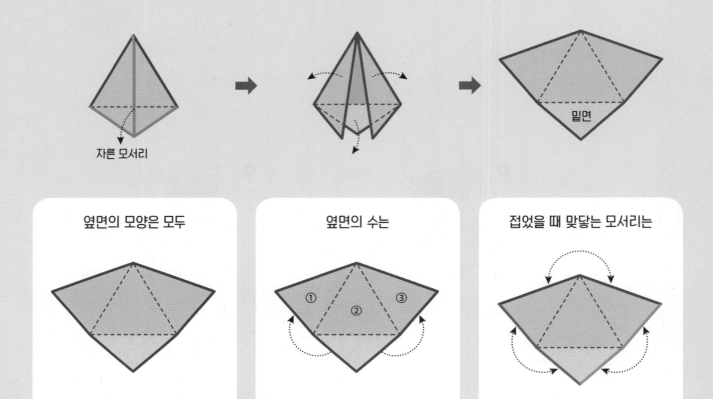

자른 모서리

밑면

옆면의 모양은 모두	옆면의 수는	접었을 때 맞닿는 모서리는
삼각형이에요.	밑면의 변의 수와 같아요.	길이가 같아요.

성질

각뿔의 전개도의 성질
- 접었을 때 맞닿는 부분(모서리)의 길이가 같습니다.
- 접었을 때 만들어지는 각뿔의 옆면의 수는 밑면의 변의 수와 같습니다.
- 옆면은 모두 삼각형이고, 밑면은 다각형입니다.

원뿔의 전개도는 어떤 특징이 있을까요?

원기둥의 전개도를 그릴 때 굽은 면인 옆면 위의 모선을 따라 잘라서 펼친 그림으로 살펴봤어요.

원뿔도 옆면이 굽은 면으로 되어 있어서 모선을 따라 잘라서 나타낼 수 있어요.

원뿔의 꼭짓점에서 밑면에 수직으로 그은 선분의 길이가 높이이므로 원뿔의 전개도에서 높이를 나타내는 선분은 없어요.

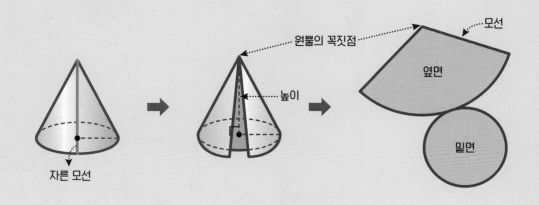

옆면의 모양은	밑면의 둘레는

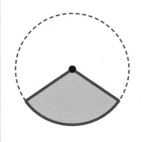

원 모양의 피자에서 한 조각 모양, 부채살로 이루어진 부채를 펼친 모양과 꼭 닮은 모양의 도형이 있는데, 부채꼴이라고 해요.

부채꼴 모양이에요.

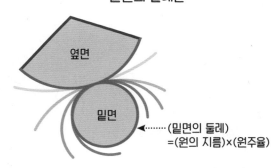

(밑면의 둘레)
=(원의 지름)×(원주율)

옆면의 굽은 선의 길이와 같아요.

원뿔의 옆면의 성질

(옆면의 선분의 길이) = (모선의 길이)	(옆면의 굽은 선의 길이) = (밑면의 둘레)

16강 · 각뿔, 원뿔의 전개도

약속 확인 **1**

각뿔의 이름은 밑면의 모양에 따라 정해지고 옆면은 모두 삼각형이에요.

어떤 각뿔의 전개도인지 밑면에 ○표 하고, 각뿔의 이름을 쓰세요.

❶
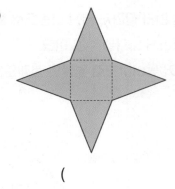
(   )

❷
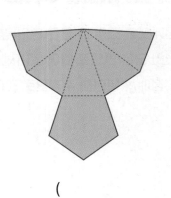
(   )

❸
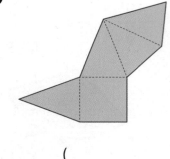
(   )

❹
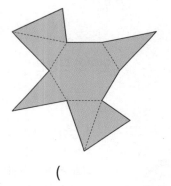
(   )

❺
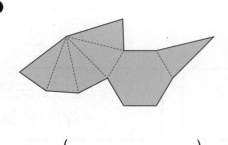
(   )

❻
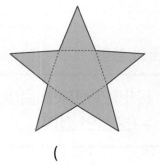
(   )

성질 활용 **2**

왼쪽 도형의 전개도가 될 수 없는 것을 찾아 ×표 하세요.

❶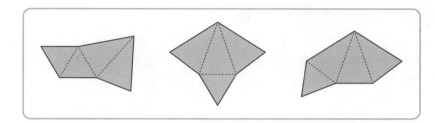

❷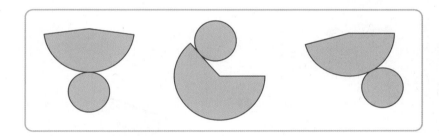

❸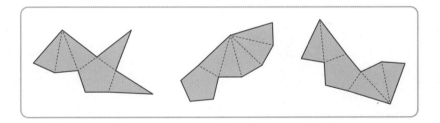

❹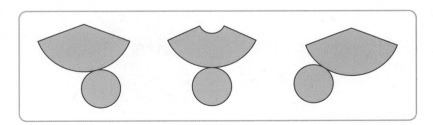

성질 활용 **3**

밑면을 모선에 붙여 그리면 안 돼요.

밑면을 원뿔의 꼭짓점에 그리면 안 돼요.

원뿔의 전개도를 접었을 때 빨간색 선과 맞닿는 곳을 찾아 선을 그으세요.

❶
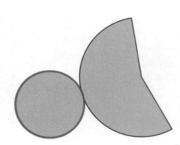

❷

❸
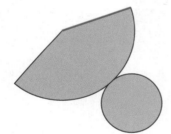

❹

❺
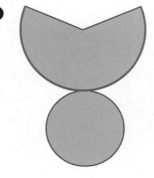

❻
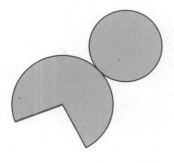

성질 활용 **4**

원뿔의 전개도를 보고 ☐ 안에 알맞은 수를 써넣으세요.(원주율: 3)

❶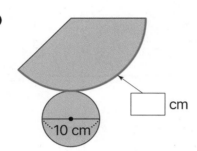
☐ cm

10 cm

❷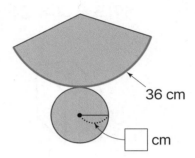
36 cm

☐ cm

❸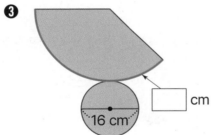
☐ cm

16 cm

❹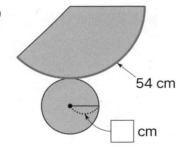
54 cm

☐ cm

❺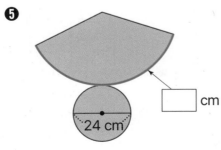
☐ cm

24 cm

❻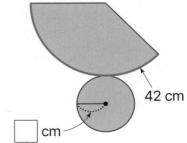
42 cm

☐ cm

87

17강 선이 지나간 자리 특강

 대표문제 1 그림과 같이 색 테이프를 붙인 직육면체 모양의 상자를 보고 전개도에 붙인 색 테이프를 그려 넣으세요.

탑

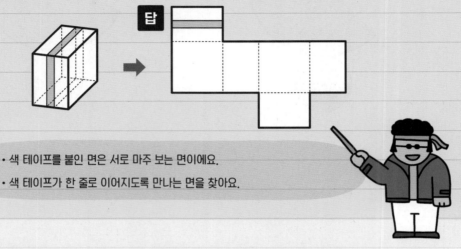

- 색 테이프를 붙인 면은 서로 마주 보는 면이에요.
- 색 테이프가 한 줄로 이어지도록 만나는 면을 찾아요.

❶ 전개도에 색 테이프가 그려진 면과 평행한 면을 찾아 선을 그어요.

▶ 직육면체에서 평행한 면은 만나지 않아요.
   색 테이프가 그려진 면과 만나는 면에 ✕표 → 남은 면에 색 테이프를 똑같게 그리기

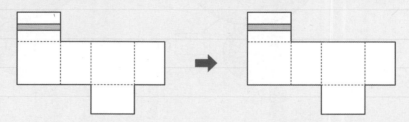

❷ 전개도에 색 테이프가 그려진 면과 만나는 면 중 테이프가 한 줄로 이어지는 면에 선을 그어요.

▶ 색 테이프가 그려진 면과 만나는 면 중 테이프가 한 줄로 이어지는 면에 ○표
   → 이어지도록 색 테이프 그리기

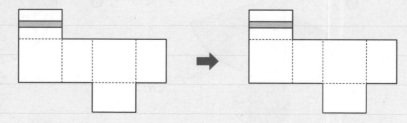

도형 표현

1

직육면체 모양의 상자에 그림과 같이 색 테이프를 붙였습니다. 전개도에 붙인 색 테이프를 그려 넣으세요.

먼저, 전개도에 색 테이프가 그려진 면과 평행한 면을 찾아요.

❶

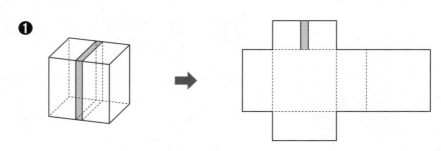

❷

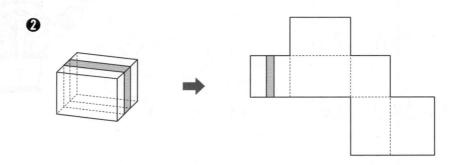

❸

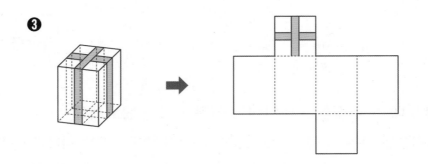

❹

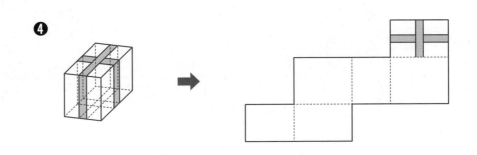

선이 지나간 자리

대표문제 2 그림과 같이 직육면체의 세 면에 선분을 그었습니다. 직육면체에 그은 선분을 전개도에 그려 넣으세요.

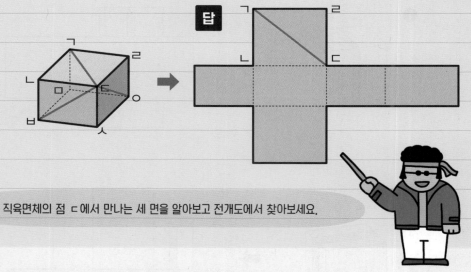

직육면체의 점 ㄷ에서 만나는 세 면을 알아보고 전개도에서 찾아보세요.

❶ 직육면체의 세 면에 그은 선분을 쓰세요.

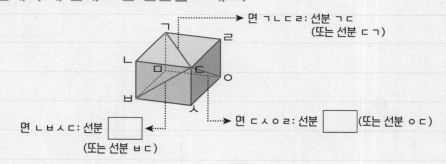

면 ㄱㄴㄷㄹ: 선분 ㄱㄷ
(또는 선분 ㄷㄱ)

면 ㄷㅅㅇㄹ: 선분 [ ] (또는 선분 ㅇㄷ)

면 ㄴㅂㅅㄷ: 선분 [ ]
(또는 선분 ㅂㄷ)

❷ 전개도에 각 꼭짓점을 나타내어 선분을 그려 넣으세요.

▶ 주어진 면 ㄱㄴㄷㄹ의 변과 서로 맞닿는 모서리를 찾아 꼭짓점을 나타내고, 나머지 보이는
면 ㄴㅂㅅㄷ과 면 ㄷㅅㅇㄹ을 찾아 꼭짓점 나타내기 → 세 면에 선분 긋기

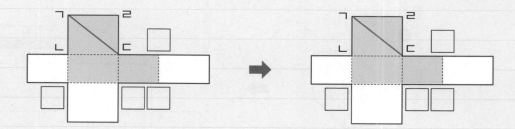

도형 표현 **2**

전개도에 꼭짓점을 나타내고
선이 그어진 세 면을 찾아요.

직육면체의 꼭짓점을 이어 세 면에 선분을 그었습니다. 직육면체에 그은 선분을 전
개도에 그려 넣으세요.

❶

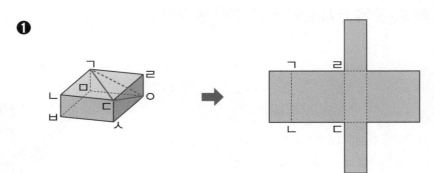

❷

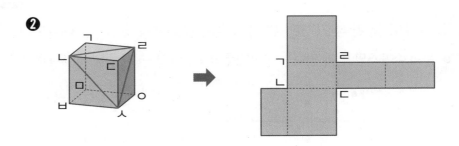

❸

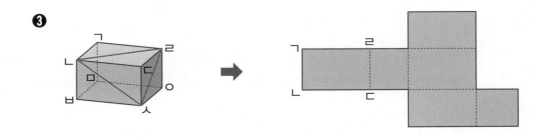

❹

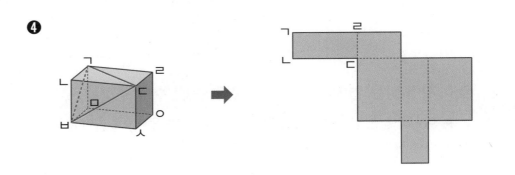

대표문제 1 주사위의 전개도를 접었을 때 마주 보는 면에 있는 눈의 수의 합이 7이 되도록 전개도의 빈 곳에 주사위의 눈을 그려 넣으세요.

답

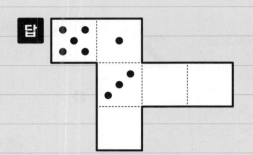

> 정육면체에서 마주 보는 면은 평행하고, 평행한 면은 만나지 않아요.
> 정육면체의 한 면은 4개의 면과 만나고, 1개의 면과 만나지 않아요.
> 먼저 만나는 면을 찾으면 만나지 않는 면을 찾기 쉬워요.

❶ 주사위의 눈의 수가 3인 면과 마주 보는 면을 찾아 주사위의 눈을 그리세요.

▶ 눈의 수가 3인 면과 만나는 면 4개를 ×로 지우고 → 남은 면에 주사위 눈 7-3=_____ 그리기

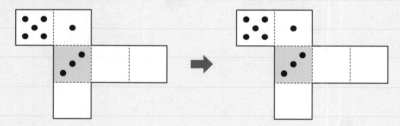

❷ 주사위의 눈의 수가 1인 면과 마주 보는 면을 찾아 주사위의 눈을 그리세요.

▶ 눈의 수가 1인 면과 만나는 면 4개를 ×로 지우고 → 남은 면에 주사위 눈 7-1=_____ 그리기

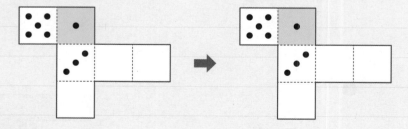

❸ 마지막 남은 면에 들어갈 주사위의 눈의 수를 구하세요.

▶ 마지막 남은 면은 눈의 수가 5인 면과 마주 보는 면이므로 들어갈 눈의 수는 7-5=_____

복습

1

주사위의 전개도를 접었을 때 마주 보는 면에 있는 눈의 수의 합이 7이 되도록 전개도의 빈 곳에 주사위의 눈을 그려 넣으세요.

❶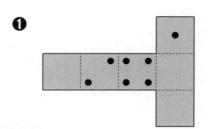

❷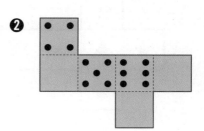

❸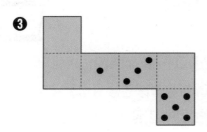

❹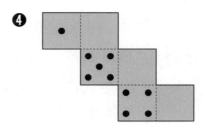

❺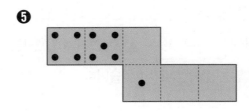

❻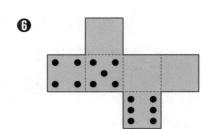

❼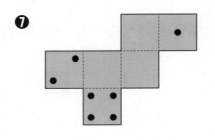

❽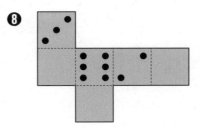

주사위와 전개도

 대표문제 2 전개도를 접어 만든 정육면체를 찾아 기호를 쓰세요.

> 정육면체에서 마주 보는 면은 만날 수 없어요.
> 마주 보는 면에 있는 두 그림이 만나는 세 면에서 함께 보이면 안 돼요.

❶ 전개도에서 마주 보는 면에 그려진 그림을 짝지어 보세요.

▶ 정육면체는 3쌍의 면이 서로 마주 보고, 마주 보는 면은 평행합니다.
따라서 아래의 3쌍의 면은 서로 만나는 면에서 함께 있을 수 없어요.

❷ 전개도와 보기 의 모양을 바르게 비교한 것에 ○표 하세요.

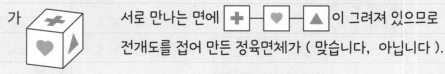

가 서로 만나는 면에 ✚—♥—▲ 이 그려져 있으므로
전개도를 접어 만든 정육면체가 (맞습니다, 아닙니다).

나 서로 만나는 면에 ★—●—■ 이 그려져 있으므로
전개도를 접어 만든 정육면체가 (맞습니다, 아닙니다).

다 서로 만나는 면에 ✚—▲—● 이 그려져 있으므로
전개도를 접어 만든 정육면체가 (맞습니다, 아닙니다).

답 _____

복습

도형 표현 **2**

전개도를 접어 만든 정육면체를 찾아 기호를 쓰세요.

❶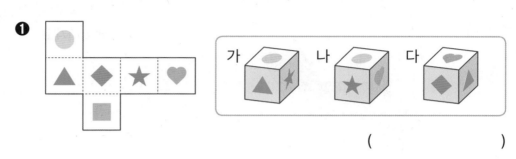

( )

❷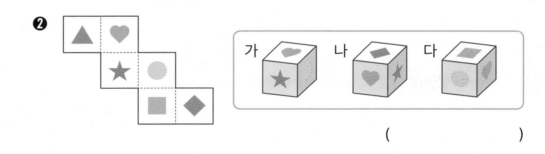

( )

❸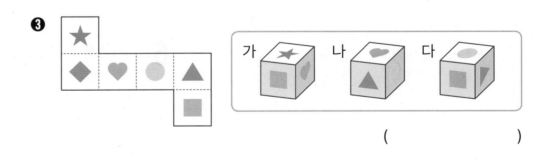

( )

❹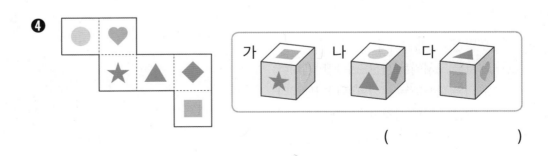

( )

1 전개도를 접었을 때 만들어지는 입체도형의 이름을 쓰세요.

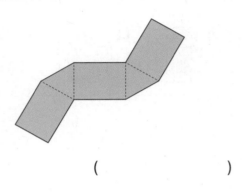

(   )

2 각뿔의 밑면에 ○표 하고, 각뿔의 이름을 쓰세요.

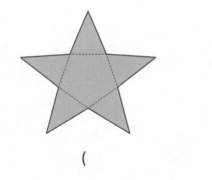

(   )

3 각뿔의 전개도에 대한 설명으로 옳은 것은 어느 것일까요? (   )

① 밑면이 2개입니다.
② 자른 모서리는 점선으로 나타냅니다.
③ 접은 모서리는 실선으로 나타냅니다.
④ 옆면은 모두 삼각형입니다.
⑤ 옆면은 밑면의 수보다 1개 더 많습니다.

4 전개도를 접었을 때 초록색 선분과 맞닿는 선분에 ○표 하고, 색칠한 면과 평행한 면에 색칠하세요.

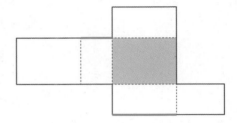

5 전개도를 보고 ☐ 안에 알맞은 수를 써넣으세요.

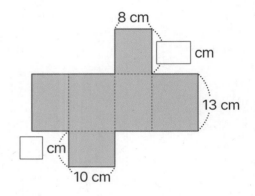

8 cm
☐ cm
13 cm
☐ cm
10 cm

6 각기둥과 전개도를 보고 ☐ 안에 알맞은 수를 써넣으세요.

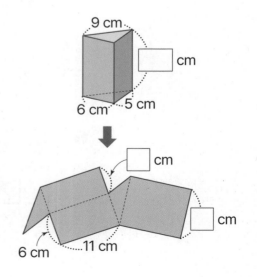

9 cm
☐ cm
6 cm   5 cm

☐ cm
☐ cm
6 cm   11 cm

7 전개도를 접어서 정육면체를 만들었습니다. 색칠한 면과 수직인 면을 모두 찾아 ○표 하세요.

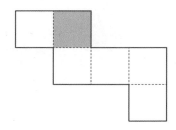

8 전개도를 접어서 만들 수 있는 원뿔의 모선의 길이를 쓰세요.

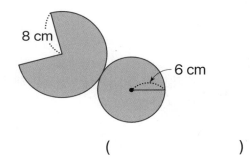

8 cm

6 cm

(   )

9 원기둥과 전개도를 보고 □ 안에 알맞은 수를 써넣으세요.(원주율: 3)

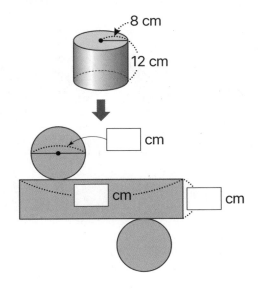

8 cm

12 cm

□ cm

□ cm

□ cm

10 원뿔의 전개도에서 초록색 선의 길이가 60 cm일 때 □ 안에 알맞은 수를 써넣으세요.(원주율: 3)

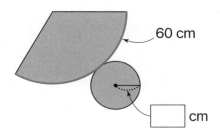

60 cm

□ cm

11 원기둥의 전개도에 대한 설명으로 알맞은 것을 찾아 기호를 쓰세요.(원주율: 3)

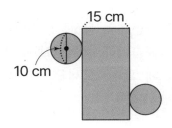

15 cm

10 cm

㉠ 높이는 10 cm입니다.

㉡ 옆면은 두 변이 30 cm, 15 cm인 직사각형입니다.

㉢ 밑면의 넓이와 옆면의 넓이는 같습니다.

(   )

공부한 날   /

12 직육면체 모양의 상자에 그림과 같이 색 테이프를 붙였습니다. 전개도에 붙인 색 테이프를 그려 넣으세요.

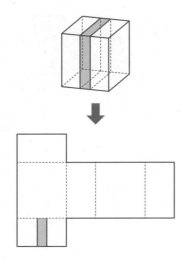

14 주사위의 전개도를 접었을 때 마주 보는 면에 있는 수의 합이 7이 되도록 전개도의 빈 곳에 수를 써넣으세요.

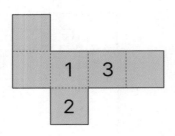

13 직육면체의 꼭짓점을 이어 세 면에 선분을 그었습니다. 직육면체에 그은 선분을 전개도에 그려 넣으세요.

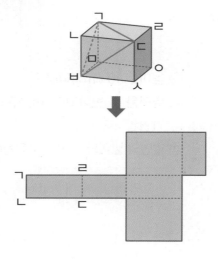

15 전개도를 접어 만든 정육면체를 찾아 기호를 쓰세요.

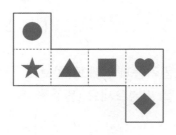

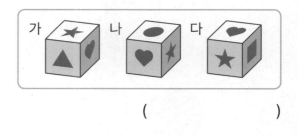

(   )

1 입체도형

2 입체도형의 전개도

3 입체도형의
겉넓이

×

4 입체도형의 부피

겉넓이가 뭔가요?

겉넓이란 말 그대로 어떤 도형의 바깥 부분, 겉면의 넓이를 말해요.

예를 들어 귤의 겉넓이는 귤의 겉면, 즉 귤껍질의 넓이가 귤의 겉넓이예요.

귤의 겉면의 넓이를 구하는 건 어려울 것 같지만, 말의 뜻은 쉽죠?

그러면 입체도형에서 겉면의 넓이는 어떻게 구할까요?

입체도형의 겉면, 즉 입체도형을 이루는 모든 면의 넓이를 구해서 더하면 돼요.

입체도형을 이루는 모든 면을 쉽게 알아보려면 앞에서 살펴본 전개도를 이용하면 돼요.

전개도의 넓이를 구하면 그게 바로 겉넓이거든요!

겉면의

귤의 **겉넓이**는
껍질의 넓이!

겉면의

입체도형의 **겉넓이**는
전개도의 넓이!

입체도형의 겉넓이

- 입체도형을 이루고 있는 모든 면의 넓이의 합
- 전개도의 넓이

기둥 모양의 겉넓이 구하는 공식 만들기

기둥 모양의 전개도 특징을 떠올린 후 겉넓이 구하는 공식을 만들어 봅시다.

- 기둥 모양의 전개도에서 밑면은 합동이고, **2개**입니다.
- 기둥 모양의 전개도에서 옆면은 **직사각형**입니다.

공식 유도

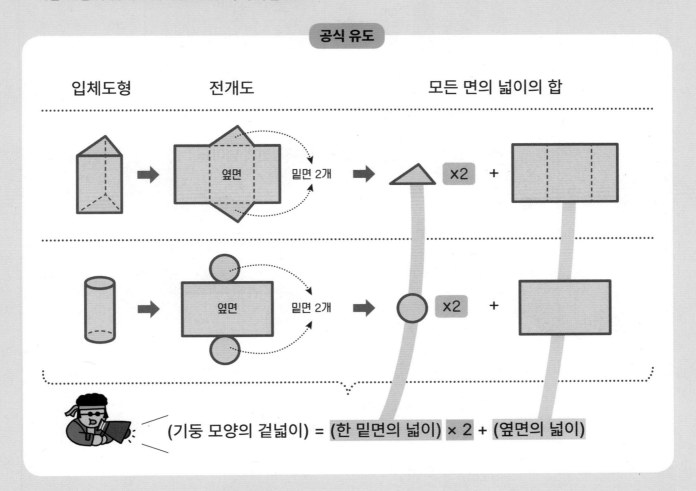

(기둥 모양의 겉넓이) = (한 밑면의 넓이) × 2 + (옆면의 넓이)

공식

기둥 모양의 겉넓이

(기둥 모양의 겉넓이)
=(모든 면의 넓이의 합)
=(한 밑면의 넓이)×2+(옆면의 넓이)

공식 이해 **1**

옆면인 직사각형의 가로와 세로
를 구해 옆면의 넓이를 구해요.

기둥 모양의 전개도를 보고 겉넓이를 구하세요.(원주율: 3)

❶

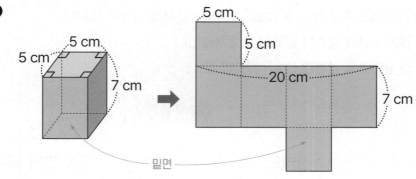

• (한 밑면의 넓이)= _____   • (옆면의 넓이)= _____

➡ (겉넓이)=(한 밑면의 넓이)×2+(옆면의 넓이)= _____

❷

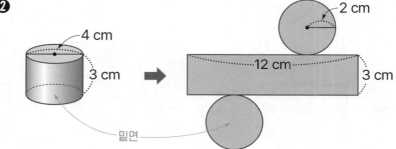

• (한 밑면의 넓이)= _____   • (옆면의 넓이)= _____

➡ (겉넓이)=(한 밑면의 넓이)×2+(옆면의 넓이)= _____

❸

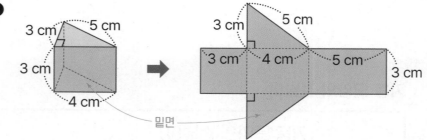

• (한 밑면의 넓이)= _____   • (옆면의 넓이)= _____

➡ (겉넓이)=(한 밑면의 넓이)×2+(옆면의 넓이)= _____

공식 적용 2

색칠된 면은 넓이와 한 변의 길이가 주어졌으므로 나머지 한 변의 길이를 구할 수 있어요.

색칠된 면을 밑면으로 하는 기둥 모양의 겉넓이를 구하세요.

❶
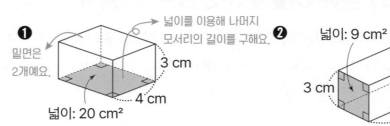

넓이를 이용해 나머지 모서리의 길이를 구해요.

밑면은 2개예요.

3 cm
4 cm
넓이: 20 cm²

옆면의 넓이	
겉넓이	

❷
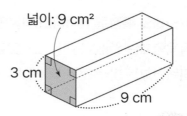

넓이: 9 cm²
3 cm
9 cm

옆면의 넓이	
겉넓이	

❸
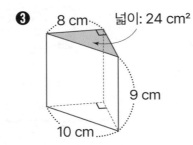

8 cm
넓이: 24 cm²
9 cm
10 cm

옆면의 넓이	
겉넓이	

❹
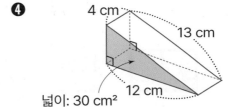

4 cm
13 cm
12 cm
넓이: 30 cm²

옆면의 넓이	
겉넓이	

❺
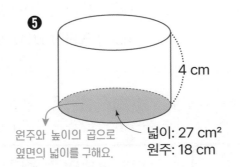

4 cm

원주와 높이의 곱으로 옆면의 넓이를 구해요.

넓이: 27 cm²
원주: 18 cm

옆면의 넓이	
겉넓이	

❻
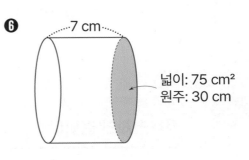

7 cm
넓이: 75 cm²
원주: 30 cm

옆면의 넓이	
겉넓이	

직육면체의 겉넓이

직육면체의 겉넓이를 구하는 공식 만들기

직육면체의 특징을 기억하며 직육면체의 겉넓이를 구하는 방법을 알아볼까요?

- 직육면체는 6개의 면이 있고, 모든 면이 직사각형입니다.
- 직육면체는 마주 보는 두 면이 서로 합동입니다.

모든 면의 넓이의 합으로 구해 보자.

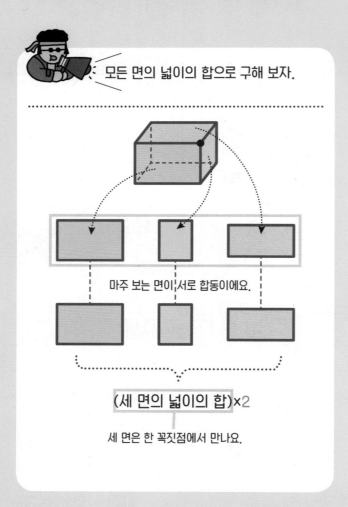

마주 보는 면이 서로 합동이에요.

(세 면의 넓이의 합)×2

세 면은 한 꼭짓점에서 만나요.

밑면과 옆면으로 나누어 구해 보자.

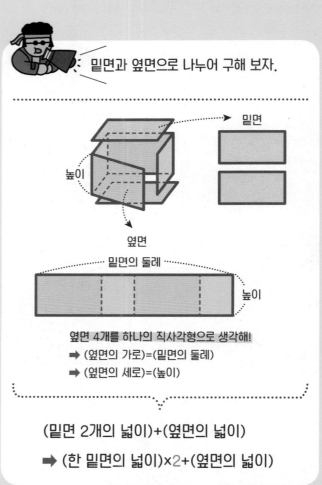

밑면

높이

옆면

밑면의 둘레

높이

옆면 4개를 하나의 직사각형으로 생각해!

➡ (옆면의 가로)=(밑면의 둘레)

➡ (옆면의 세로)=(높이)

(밑면 2개의 넓이)+(옆면의 넓이)

➡ (한 밑면의 넓이)×2+(옆면의 넓이)

공식

직육면체의 겉넓이

(직육면체의 겉넓이)
=(세 면의 넓이의 합)×2

(직육면체의 겉넓이)
=(한 밑면의 넓이)×2+(옆면의 넓이)

정육면체의 겉넓이를 구하는 공식 만들기

모든 면이 합동인 정사각형으로 이루어진 정육면체의 겉넓이는 아주 간단하게 구할 수 있어요.

한 면의 넓이만 구해서 6배 하면 되지요.

한 모서리의 길이만 알면 바로 겉넓이를 구할 수 있어요.

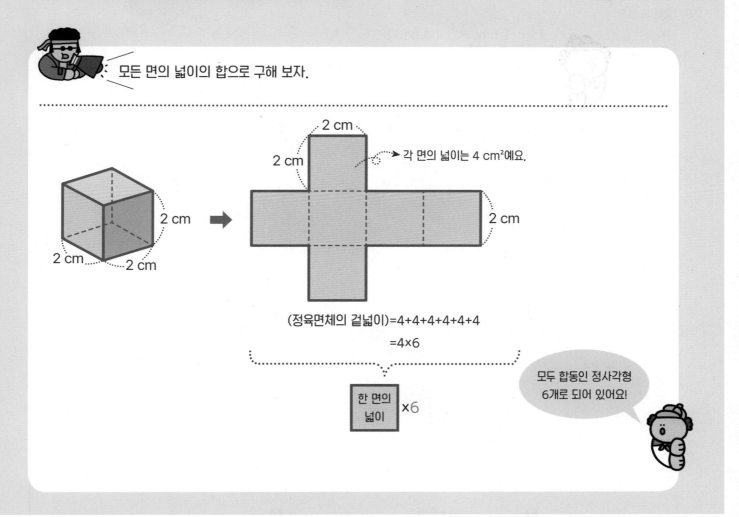

모든 면의 넓이의 합으로 구해 보자.

각 면의 넓이는 4 cm²예요.

(정육면체의 겉넓이)=4+4+4+4+4+4
=4×6

한 면의 넓이 ×6

모두 합동인 정사각형 6개로 되어 있어요!

공식

정육면체의 겉넓이

(정육면체의 겉넓이)=(한 면의 넓이)×6

공식 적용 **1**

직육면체의 겉넓이를 구하세요.

보이는 세 면의 넓이의 합을
구해서 2배 해 볼까?

❶

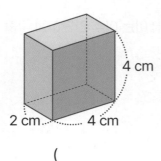

4 cm

2 cm   4 cm

(   )

❷

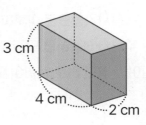

3 cm

4 cm   2 cm

(   )

❸

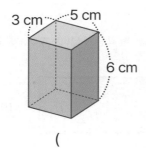

3 cm   5 cm

6 cm

(   )

❹

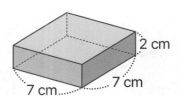

2 cm

7 cm   7 cm

(   )

❺

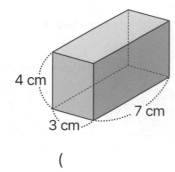

4 cm

3 cm   7 cm

(   )

❻

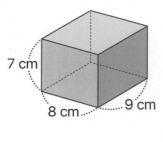

7 cm

8 cm   9 cm

(   )

❼

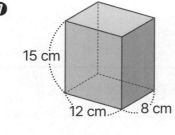

15 cm

12 cm   8 cm

(   )

❽

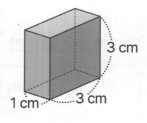

3 cm

1 cm   3 cm

(   )

정육면체의 겉넓이를 구하세요.

❶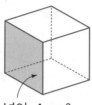

넓이: 4 cm²

(   )

❷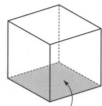

넓이: 16 cm²

(   )

❸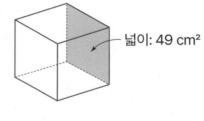

넓이: 49 cm²

(   )

❹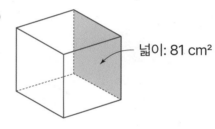

넓이: 81 cm²

(   )

❺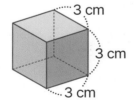

3 cm

3 cm

3 cm

(   )

❻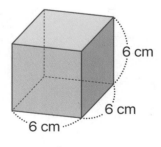

6 cm

6 cm

6 cm

(   )

❼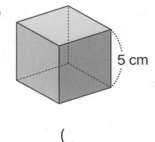

5 cm

(   )

❽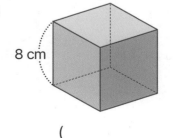

8 cm

(   )

공식 변형 **3**

전개도로 만들 수 있는 직육면체의 겉넓이를 구하세요.

❶

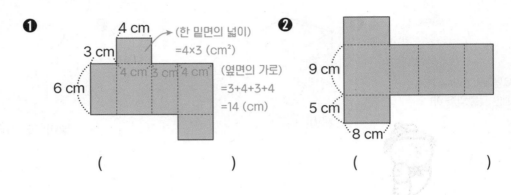

(한 밑면의 넓이)
=4×3 (cm²)

(옆면의 가로)
=3+4+3+4
=14 (cm)

4 cm
3 cm
4 cm 3 cm 4 cm
6 cm

(   )

❷

9 cm
5 cm
8 cm

(   )

❸

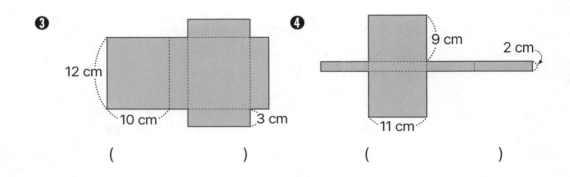

12 cm
10 cm
3 cm

(   )

❹

9 cm
2 cm
11 cm

(   )

❺

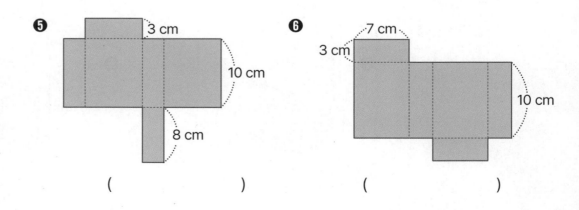

3 cm
10 cm
8 cm

(   )

❻

7 cm
3 cm
10 cm

(   )

공식 변형 4

색칠된 면의 둘레와 넓이가 다음과 같을 때 직육면체의 겉넓이를 구하세요.

밑면의 둘레와 높이를 알면 옆면의 넓이를 구할 수 있어요.

❶
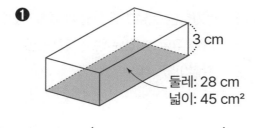

3 cm

둘레: 28 cm
넓이: 45 cm²

(   )

❷
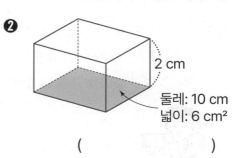

2 cm

둘레: 10 cm
넓이: 6 cm²

(   )

❸
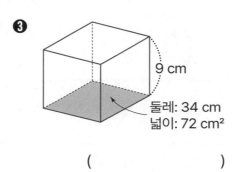

9 cm

둘레: 34 cm
넓이: 72 cm²

(   )

❹
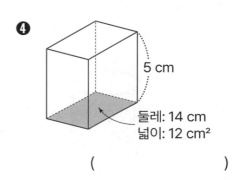

5 cm

둘레: 14 cm
넓이: 12 cm²

(   )

공식 변형 5

색칠된 면의 둘레가 다음과 같을 때 정육면체의 겉넓이를 구하세요.

정육면체의 각 면은 모두 정사각형이므로 모든 모서리의 길이가 같습니다.

❶
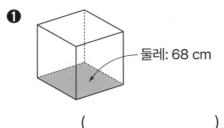

둘레: 68 cm

(   )

❷
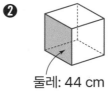

둘레: 44 cm

(   )

❸
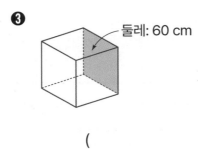

둘레: 60 cm

(   )

❹
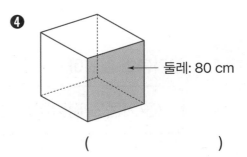

둘레: 80 cm

(   )

굽은 면이 있는 기둥 모양의 겉넓이를 구하는 공식 만들기

기둥 모양이지만 밑면과 옆면이 다각형이 아닌 원기둥은 겉넓이를 어떻게 구할까요?

맞아요, 원기둥을 전개도로 나타내 보면 바로 우리가 구할 수 있는 원과 직사각형을 볼 수 있어요.

원과 직사각형의 넓이를 구할 줄 알면 원기둥의 겉넓이도 구할 수 있어요.

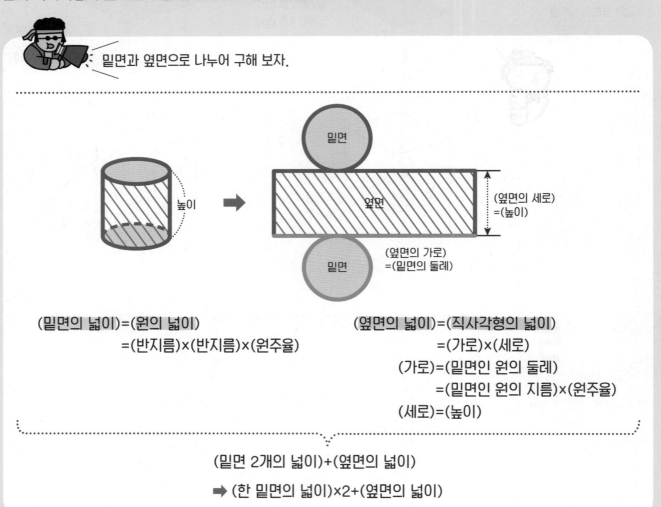

밑면과 옆면으로 나누어 구해 보자.

(밑면의 넓이)=(원의 넓이)
=(반지름)×(반지름)×(원주율)

(옆면의 넓이)=(직사각형의 넓이)
=(가로)×(세로)
(가로)=(밑면인 원의 둘레)
=(밑면인 원의 지름)×(원주율)
(세로)=(높이)

(밑면 2개의 넓이)+(옆면의 넓이)

➡ (한 밑면의 넓이)×2+(옆면의 넓이)

공식

원기둥의 겉넓이

(원기둥의 겉넓이)=(한 밑면의 넓이)×2+(옆면의 넓이)

공식 이해 **1**

원기둥을 보고 전개도의 □ 안에 알맞은 수를 써넣고 옆면의 넓이를 구하세요.

(원주율: 3)

❶

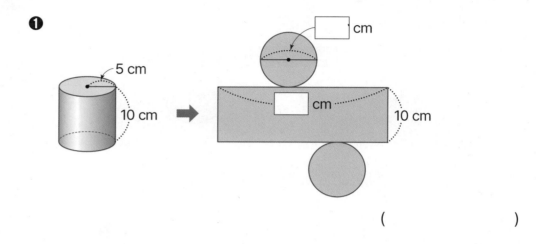

(   )

❷

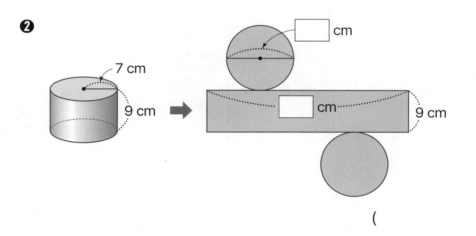

(   )

❸

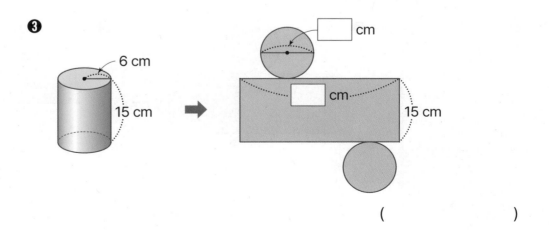

(   )

공식 적용 **2**

전개도를 보고 원기둥의 겉넓이를 구하세요.(원주율: 3)

❶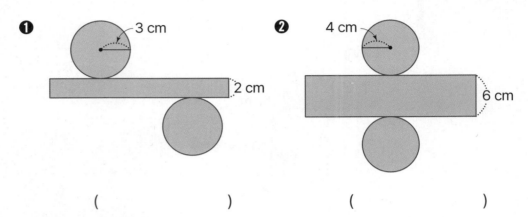

3 cm

2 cm

(   )

❷

4 cm

6 cm

(   )

❸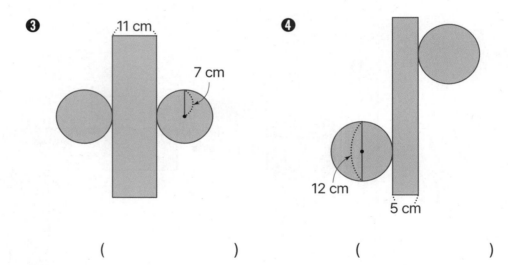

11 cm

7 cm

(   )

❹

12 cm

5 cm

(   )

• (옆면의 가로)
  =(지름)×(원주율)
  ↓
  (지름)
  =(옆면의 가로)÷(원주율)

• (원의 넓이)
  =(반지름)×(반지름)×(원주율)
  ↓
  (반지름)×(반지름)
  =(원의 넓이)÷(원주율)

❺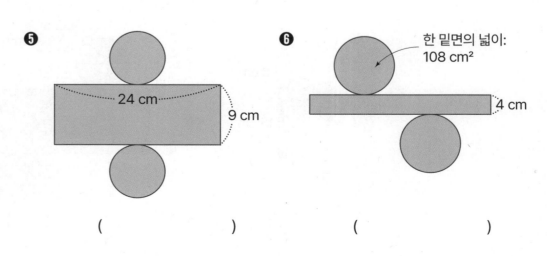

24 cm

9 cm

(   )

❻

한 밑면의 넓이:
108 cm²

4 cm

(   )

공식 적용 **3**

원기둥의 겉넓이를 구하세요.(원주율: 3)

❶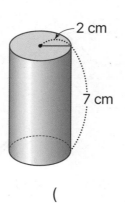
2 cm
7 cm

( )

❷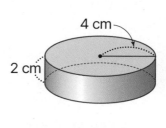
4 cm
2 cm

( )

❸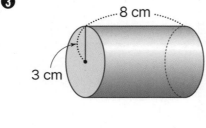
8 cm
3 cm

( )

❹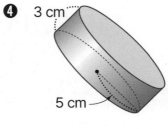
3 cm
5 cm

( )

원주와 넓이에서 지름 또는 반지름을 구해 봐.

❺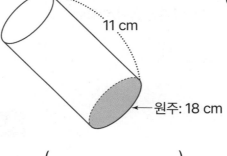
11 cm
원주: 18 cm

( )

❻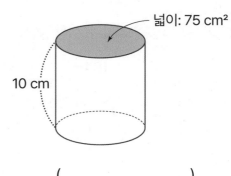
넓이: 75 cm²
10 cm

( )

겉넓이를 알 때 길이 구하기

 대표문제 1

겉넓이가 184 cm²인 직육면체입니다. □ 안에 알맞은 수를 구하세요.

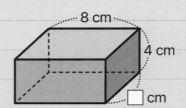

직육면체는 3쌍의 면이 밑면이 될 수 있어요.

두 변의 길이가 주어진 면을 밑면으로 하면, 옆면이 정해지고 겉넓이를 구할 수 있어요.

❶ 두 변의 길이가 주어진 면을 밑면으로 해서 전개도를 그려 봐요.

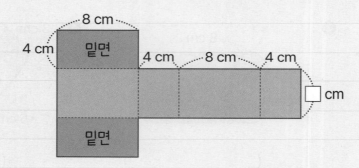

❷ 밑면의 넓이와 옆면의 넓이의 합으로 겉넓이를 나타내고 □를 구해요.

▶ (한 밑면의 넓이)=8×4=_____ (cm²)

(옆면의 넓이)=(8+4+8+4)×□=_____ ×□

(겉넓이)=(한 밑면의 넓이)×2+(옆면의 넓이)이므로

184=_____ ×2+_____ ×□

_____ ×□=120

□=_____

답 _____

공식 활용 **1**

겉넓이는 합동인 3쌍의 면의 넓이의 합으로 나타내거나 밑면과 옆면의 넓이의 합으로 나타내요.

직육면체의 겉넓이가 다음과 같을 때 □ 안에 알맞은 수를 써넣으세요.

❶ 겉넓이: 166 cm²

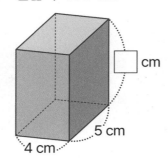

☐ cm
5 cm
4 cm

❷ 겉넓이: 146 cm²

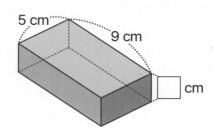

5 cm
9 cm
☐ cm

❸ 겉넓이: 432 cm²

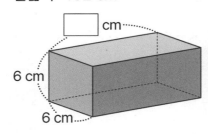

☐ cm
6 cm
6 cm

❹ 겉넓이: 334 cm²

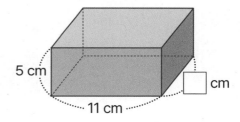

5 cm
11 cm
☐ cm

❺ 겉넓이: 412 cm²

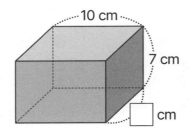

10 cm
7 cm
☐ cm

❻ 겉넓이: 216 cm²

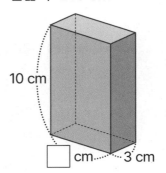

10 cm
☐ cm
3 cm

공식 활용 2

정육면체의 겉넓이는 한 면의 넓이의 6배이므로 정육면체의 겉넓이를 6으로 나누면 한 면의 넓이를 알 수 있어요.

정육면체의 겉넓이가 다음과 같을 때 □ 안에 알맞은 수를 써넣으세요.

❶ 겉넓이: 216 cm²

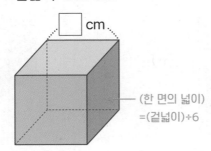

(한 면의 넓이)
=(겉넓이)÷6

❷ 겉넓이: 294 cm²

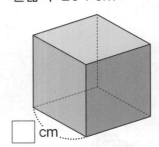

❸ 겉넓이: 384 cm²

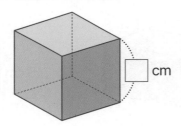

❹ 겉넓이: 726 cm²

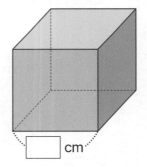

❺ 겉넓이: 486 cm²

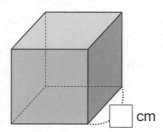

❻ 겉넓이: 150 cm²

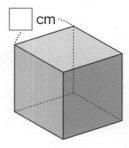

3

밑면의 넓이를 구할 수 있으므로 겉넓이에서 밑면의 넓이를 빼서 옆면의 넓이를 구합니다.

원기둥의 겉넓이가 다음과 같을 때 ☐ 안에 알맞은 수를 써넣으세요.(원주율: 3)

❶ 겉넓이: 84 cm²

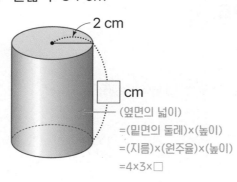

2 cm

☐ cm

(옆면의 넓이)
=(밑면의 둘레)×(높이)
=(지름)×(원주율)×(높이)
=4×3×☐

❷ 겉넓이: 384 cm²

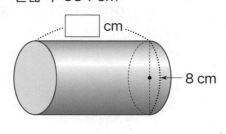

☐ cm

8 cm

❸ 겉넓이: 306 cm²

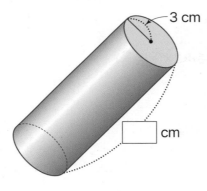

3 cm

☐ cm

❹ 겉넓이: 600 cm²

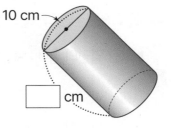

10 cm

☐ cm

❺ 겉넓이: 396 cm²

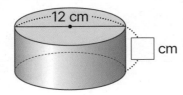

12 cm

☐ cm

❻ 겉넓이: 336 cm²

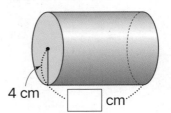

4 cm

☐ cm

대표문제1 오른쪽 그림과 같은 원기둥 모양의 롤러에 페인트를 묻혀서 2바퀴를 굴려 칠했습니다. 페인트를 칠한 부분의 넓이를 구하세요.(원주율: 3)

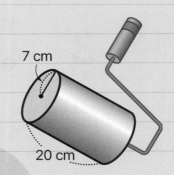

7 cm

20 cm

롤러를 한 바퀴 굴려 칠한 넓이는 롤러의 옆면의 넓이와 같아요.

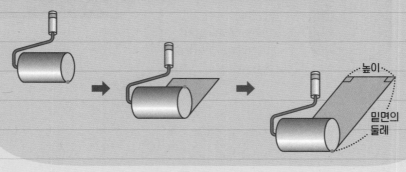

높이

밑면의 둘레

❶ 롤러의 옆면의 넓이를 구해요.

▶ (한 밑면의 둘레)=(밑면의 반지름)×2×(원주율)

   =＿＿＿×2×3=＿＿＿＿(cm)

(옆면의 넓이)=(한 밑면의 둘레)×(높이)

   =＿＿＿＿×20=＿＿＿＿＿(cm²)

❷ 페인트를 칠한 부분의 넓이를 구해요.

▶ 롤러를 2바퀴 굴렸으므로

(페인트를 칠한 부분의 넓이)=(옆면의 넓이)×(굴린 바퀴 수)

   =＿＿＿＿＿×＿＿＿

   =＿＿＿＿＿(cm²)

답 ＿＿＿＿＿＿＿

문제 적용 **1**

원기둥의 옆면의 넓이는 밑면의 둘레와 높이의 곱으로 구할 수 있어요.
페인트를 칠한 부분의 넓이는 옆면의 넓이에 굴린 바퀴 수만큼 곱해야 하는 것을 잊지 마세요.

그림과 같은 원기둥 모양의 롤러에 페인트를 묻혀서 칠했습니다. 주어진 바퀴 수만큼 굴렸을 때 페인트를 칠한 부분의 넓이를 구하세요.(원주율: 3)

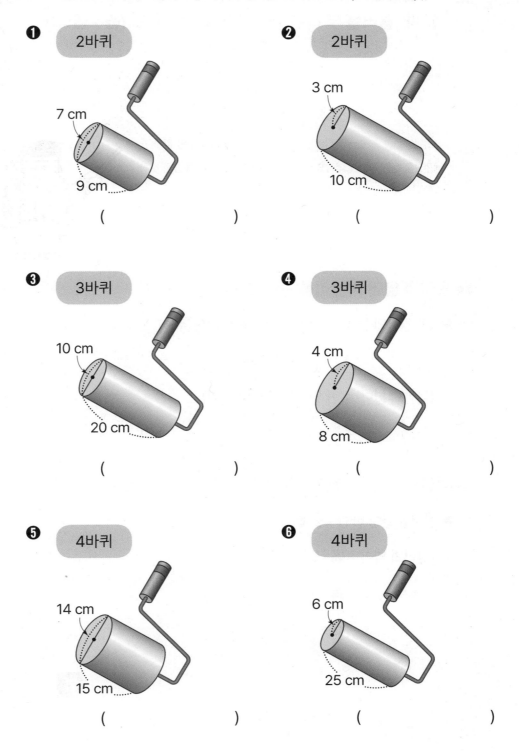

❶ 2바퀴

7 cm

9 cm

(   )

❷ 2바퀴

3 cm

10 cm

(   )

❸ 3바퀴

10 cm

20 cm

(   )

❹ 3바퀴

4 cm

8 cm

(   )

❺ 4바퀴

14 cm

15 cm

(   )

❻ 4바퀴

6 cm

25 cm

(   )

원기둥 롤러 문제

대표문제 2

오른쪽 그림과 같은 원기둥 모양의 롤러에 페인트를 묻혀 칠했습니다. 페인트를 칠한 부분의 넓이가 540 cm² 일 때, 롤러를 몇 바퀴 굴린 것인지 구하세요.(원주율: 3)

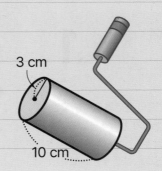

3 cm

10 cm

롤러의 옆면의 넓이는 롤러를 한 바퀴 굴렸을 때 칠한 넓이와 같아요. 페인트를 칠한 부분의 넓이를 옆면의 넓이로 나누면 롤러를 굴린 바퀴 수를 구할 수 있어요.

❶ 롤러의 옆면의 넓이를 구해요.

▶ (한 밑면의 둘레)=(밑면의 반지름)×2×(원주율)

   =＿＿×2×3=＿＿＿＿(cm)

(옆면의 넓이)=(한 밑면의 둘레)×(높이)

   =＿＿＿＿×10=＿＿＿＿＿(cm²)

❷ 페인트를 칠한 부분의 넓이를 이용해 롤러를 몇 바퀴 굴린 것인지 구해요.

▶ 롤러를 굴린 바퀴 수를 ■라 하면

(옆면의 넓이)×■=540이므로

   ■=540÷＿＿＿＿＿

   ■=＿＿＿

답 ＿＿＿＿＿＿＿＿＿

문제 활용 2

그림과 같은 원기둥 모양의 롤러에 페인트를 묻혀서 칠했습니다. 페인트를 칠한 넓이가 다음과 같을 때 롤러를 몇 바퀴 굴린 것인지 구하세요.(원주율: 3)

❶ 칠한 넓이: 720 cm²

12 cm

10 cm

(   )

❷ 칠한 넓이: 288 cm²

2 cm

8 cm

(   )

❸ 칠한 넓이: 1800 cm²

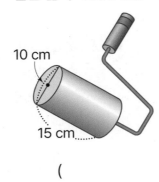

10 cm

15 cm

(   )

❹ 칠한 넓이: 288 cm²

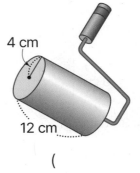

4 cm

12 cm

(   )

❺ 칠한 넓이: 1350 cm²

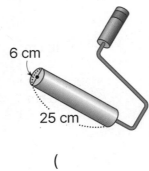

6 cm

25 cm

(   )

❻ 칠한 넓이: 1680 cm²

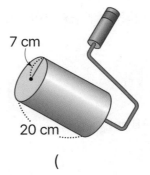

7 cm

20 cm

(   )

1 원기둥의 겉넓이를 구하세요.

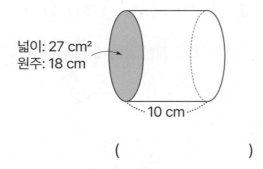

넓이: 27 cm²
원주: 18 cm

10 cm

(   )

2 주어진 한 밑면의 넓이를 보고 각기둥의 겉넓이를 구하세요.

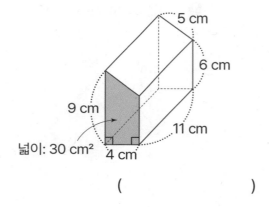

5 cm

6 cm

9 cm

11 cm

넓이: 30 cm²
4 cm

(   )

3 직육면체의 겉넓이를 구하세요.

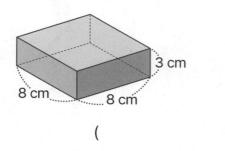

3 cm

8 cm   8 cm

(   )

4 정육면체의 겉넓이를 구하세요.

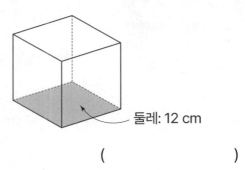

둘레: 12 cm

(   )

5 직육면체를 보고 전개도의 ☐ 안에 알맞은 수를 써넣고 겉넓이를 구하세요.

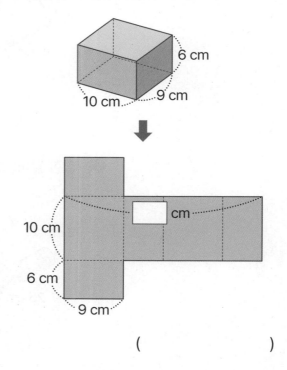

6 cm

10 cm   9 cm

10 cm

☐ cm

6 cm

9 cm

(   )

6 원기둥을 보고 전개도의 □ 안에 알맞은 수를 써넣고 옆면의 넓이를 구하세요.(원주율: 3)

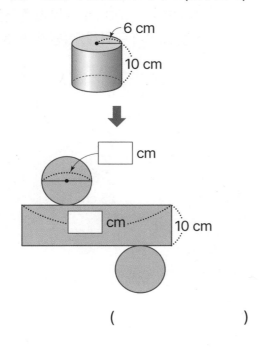

( )

7 전개도를 보고 원기둥의 겉넓이를 구하세요.(원주율: 3)

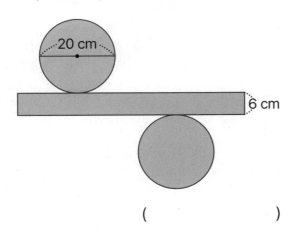

( )

8 원기둥의 겉넓이를 구하세요.(원주율: 3)

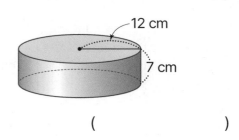

( )

9 직육면체의 겉넓이가 310 cm²일 때, □ 안에 알맞은 수를 구하세요.

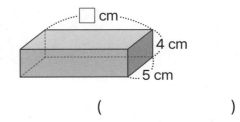

( )

10 겉넓이가 864 cm²인 정육면체의 한 모서리의 길이를 구하세요.

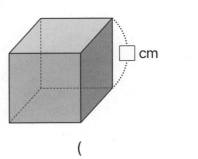

( )

11 원기둥의 겉넓이를 구하세요.(원주율: 3)

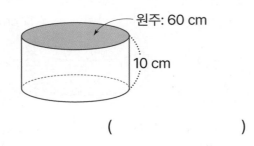

원주: 60 cm

10 cm

(　　　　　　　)

12 원기둥의 겉넓이가 1008 cm²일 때, 높이를 구하세요.(원주율: 3)

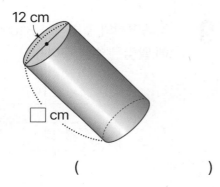

12 cm

□ cm

(　　　　　　　)

13 그림과 같은 원기둥 모양의 롤러에 페인트를 묻혀서 3바퀴를 굴려 칠했습니다. 페인트를 칠한 부분의 넓이를 구하세요.

(원주율: 3)

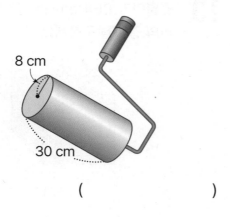

8 cm

30 cm

(　　　　　　　)

14 그림과 같은 원기둥 모양의 롤러에 페인트를 묻혀서 칠했습니다. 페인트를 칠한 부분의 넓이가 2100 cm²일 때, 롤러를 몇 바퀴 굴린 것인지 구하세요.(원주율: 3)

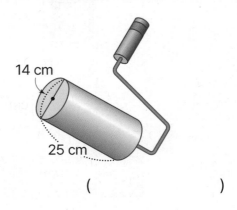

14 cm

25 cm

(　　　　　　　)

15 그림과 같은 원기둥 모양의 롤러에 페인트를 묻혀서 한 바퀴 굴려 칠한 부분의 넓이가 360 cm²입니다. 이 롤러의 밑면의 반지름의 길이를 구하세요.(원주율: 3)

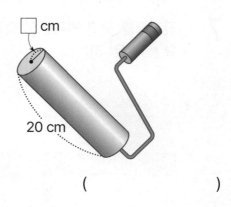

□ cm

20 cm

(　　　　　　　)

부피란?

도형의 특징을 나타낼 때 모양과 함께 잴 수 있는 값을 재서 수를 사용해 나타내기도 해요.

도형에서 잴 수 있는 것으로 두 점 사이의 거리를 나타내는 길이, 선분이나 굽은 선으로 둘러싸인 부분의 크기를 나타내는 넓이, 입체가 차지하는 공간의 크기를 나타내는 부피가 있어요.

각각의 측정값은 단위를 가지고 있고 각 단위가 몇 개인지 세어 전체의 크기를 나타내요.

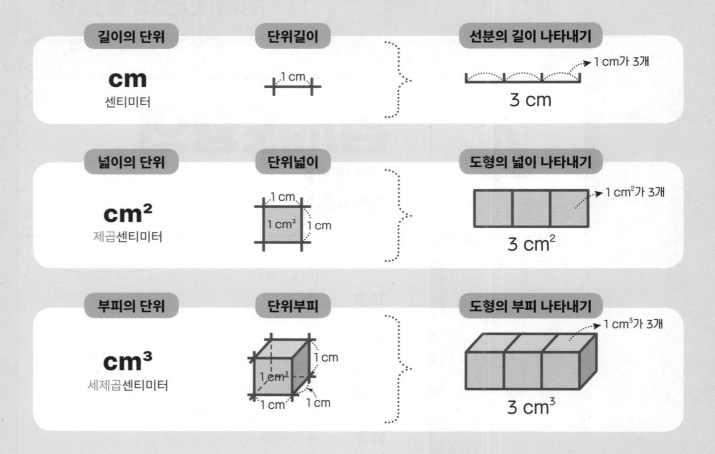

길이의 단위	단위길이	선분의 길이 나타내기
cm 센티미터	1 cm	1 cm가 3개 3 cm
cm² 제곱센티미터	1 cm 1 cm² 1 cm	1 cm²가 3개 3 cm²
cm³ 세제곱센티미터	1 cm 1 cm³ 1 cm 1 cm	1 cm³가 3개 3 cm³

약속

1 cm³
한 모서리의 길이가 1 cm인 정육면체의 부피

쓰기   **1 cm³**
읽기   1 세제곱센티미터

1 m³
한 모서리의 길이가 1 m인 정육면체의 부피

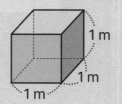

쓰기   **1 m³**
읽기   1 세제곱미터

부피 단위 사이의 관계

길이, 넓이, 부피 사이의 관계를 이해했나요?

그럼 이제 부피 단위 1 cm³와 1 m³ 사이의 관계를 알아봅시다.

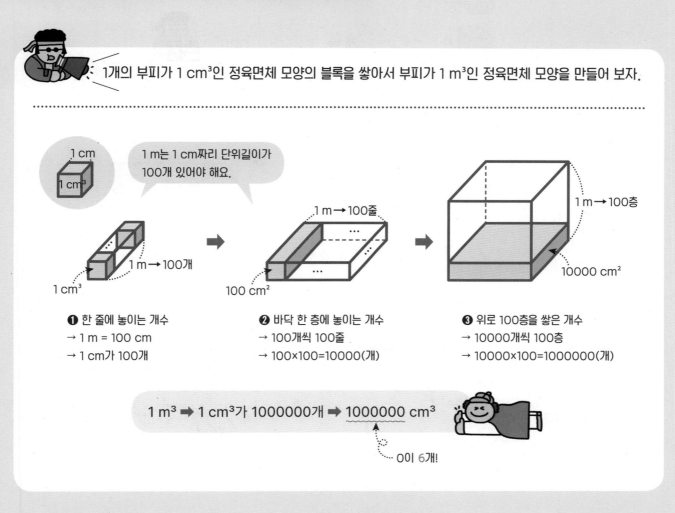

부피 단위 관계

$$1 m^3 = 1000000 cm^3$$

• 길이 단위 관계

$$1 m = 100 cm$$

• 넓이 단위 관계

$$1 m^2 = 10000 cm^2$$

약속 확인 **1**

부피가 1 cm³인 정육면체를 쌓아서 만든 도형의 부피를 구하세요.

❶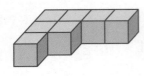

정육면체를 단위부피로 하여
만들어진 도형의 부피는
정육면체의 수를 세면 돼!

1 cm³ 가 _____ 개 ➡ _____ cm³

❷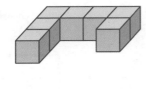

(   )

❸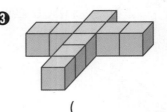

(   )

❹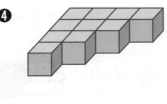

(   )

❺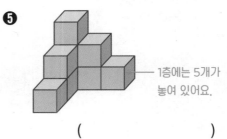

1층에는 5개가
놓여 있어요.

(   )

❻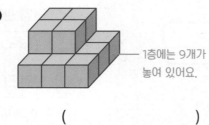

1층에는 9개가
놓여 있어요.

(   )

❼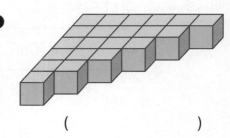

(   )

1 m=100 cm인 것만 알면 넓이 또는 부피의 단위 사이의 관계도 쉽게 알 수 있어요.

cm³와 m³ 사이의 관계를 이용하여 □ 안에 알맞은 수를 써넣으세요.

0이 6개 필요해요!

❶ 3 m³ = [   ] cm³

0이 6개 사라져요!

❷ 2000000 cm³ = [   ] m³

❸ 5 m³ = [   ] cm³

❹ 6000000 cm³ = [   ] m³

❺ 13 m³ = [   ] cm³

❻ 12000000 cm³ = [   ] m³

❼ 21 m³ = [   ] cm³

❽ 30000000 cm³ = [   ] m³

❾ 34 m³ = [   ] cm³

❿ 16000000 cm³ = [   ] m³

자연수의 맨 끝에는
소수점이 생략되어
있어요.

⓫ 1.5 m³ = [   ] cm³

소수점부터 오른쪽으로 6칸!

⓬ 400000 cm³ = [   ] m³

수의 오른쪽 끝부터 왼쪽으로 6칸!

⓭ 0.7 m³ = [   ] cm³

⓮ 800000 cm³ = [   ] m³

⓯ 2.3 m³ = [   ] cm³

⓰ 600000 cm³ = [   ] m³

직육면체의 부피 구하는 공식 만들기

한 모서리의 길이가 1 cm인 정육면체의 부피를 이용해서 직육면체의 부피를 나타내 볼까요?
부피가 1 cm³인 정육면체의 부피를 단위부피로 해서 몇 개를 쌓아 만들었는지 알아보면 바로 직육면체의 부피
구하는 공식을 찾을 수 있어요.

공식 유도

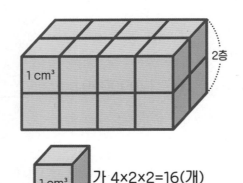

1 cm³

가 4×2×2=16(개)

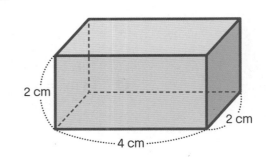

(부피)=4×2×2=16(cm³)

(직육면체의 부피) = (1 cm³의 개수)

= (한 층에 놓인 개수)×(층수)
　　　한 밑면의 넓이

= (가로에 놓인 개수)×(세로에 놓인 개수)×(층수)

= (가로)×(세로)×(높이)

정육면체는 모든 모서리의 길이가 같으니까,
같은 수를 세 번 곱하면 돼요. 세 번 곱하는 것과
3을 곱하는 것을 헷갈리면 안 돼요.

공식

직육면체의 부피

(직육면체의 부피)
=(가로)×(세로)×(높이)

정육면체의 부피

(정육면체의 부피)
=(한 모서리)×(한 모서리)×(한 모서리)

공식 변형하기

직육면체의 밑면과 높이를 나타내는 세 모서리의 길이를 곱하면 부피가 된다는 것을 이용하면 알 수 있는 것들이 있어요. 부피와 두 모서리의 길이를 알면, 나머지 한 모서리의 길이를 구할 수 있는데 다르게 말하면 부피와 한 면의 넓이(한 밑면의 넓이)를 알면 나머지 한 모서리의 길이(높이)를 구할 수 있어요.

식으로 살펴볼까요?

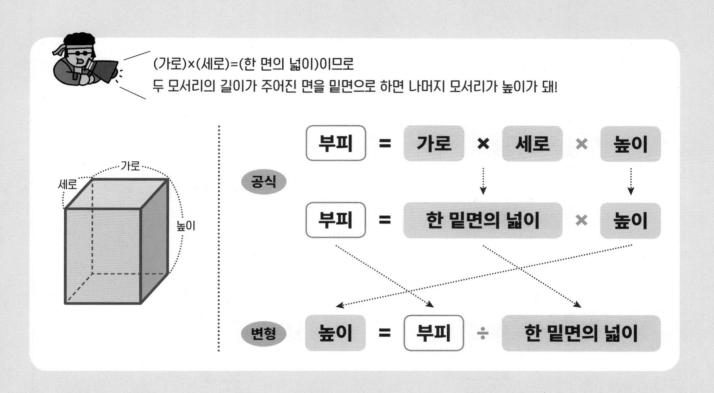

(가로)×(세로)=(한 면의 넓이)이므로
두 모서리의 길이가 주어진 면을 밑면으로 하면 나머지 모서리가 높이가 돼!

직육면체의 모든 면은 밑면이 될 수 있어요.
따라서 높이도 밑면에 따라
어느 모서리나 될 수 있지요.

공식

높이를 구하는 공식

(높이)=(부피) ÷ (한 밑면의 넓이)

공식 이해 **1**

직육면체의 부피는 세 모서리의 길이의 곱으로 구할 수 있어요.

직육면체의 부피를 구하세요.

❶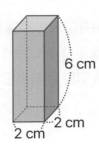
6 cm
2 cm
2 cm

□ cm³

❷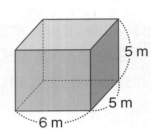
5 m
5 m
6 m

□ m³

❸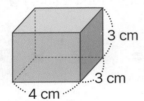
3 cm
3 cm
4 cm

□ cm³

❹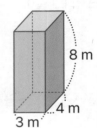
8 m
4 m
3 m

□ m³

❺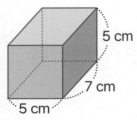
5 cm
7 cm
5 cm

□ cm³

❻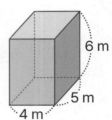
6 m
5 m
4 m

□ m³

❼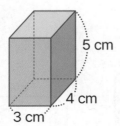
5 cm
4 cm
3 cm

□ cm³

❽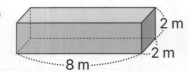
2 m
2 m
8 m

□ m³

직육면체의 부피를 단위에 맞게 나타내세요.
cm, m 단위를 맞춰서 계산해요.

100 cm = 1 m를 이용해서 단위를 맞춘 다음 부피를 구해요. 서로 다른 단위를 곱하면 안 돼요.

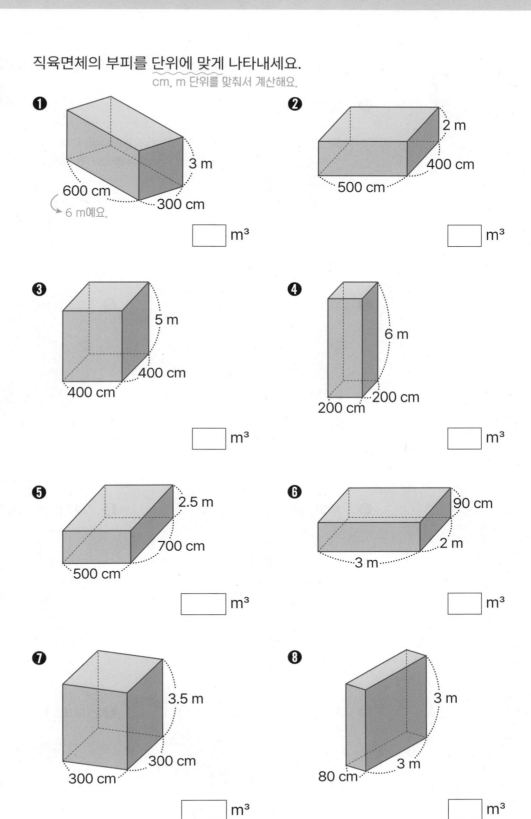

❶
3 m
600 cm
300 cm
6 m예요.
☐ m³

❷
2 m
400 cm
500 cm
☐ m³

❸
5 m
400 cm
400 cm
☐ m³

❹
6 m
200 cm
200 cm
☐ m³

❺
2.5 m
700 cm
500 cm
☐ m³

❻
90 cm
2 m
3 m
☐ m³

❼
3.5 m
300 cm
300 cm
☐ m³

❽
3 m
3 m
80 cm
☐ m³

공식 적용

3

직육면체의 부피가 다음과 같을 때 ☐ 안에 알맞은 수를 써넣으세요.

두 모서리의 길이가
주어진 면을
밑면으로 생각해!

❶ 부피: 128 cm³

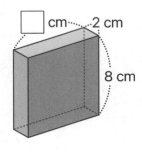

(한 밑면의 넓이)=2×8
(높이)=(부피)÷(한 밑면의 넓이)=128÷(2×8)

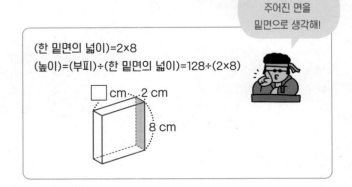

❷ 부피: 108 cm³

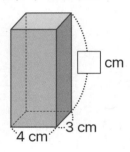

❸ 부피: 96 m³

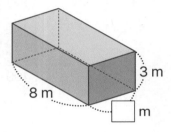

❹ 부피: 162 cm³

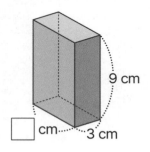

❺ 부피: 105 m³

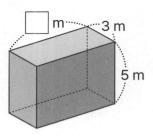

❻ 부피: 130 cm³

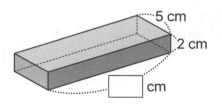

❼ 부피: 120 m³

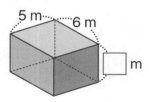

공식 이해 4

정육면체의 부피를 구하세요.

❶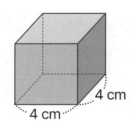
4 cm
4 cm

☐ cm³

❷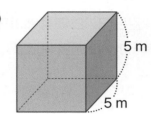
5 m
5 m

☐ m³

❸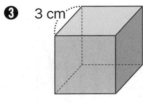
3 cm

☐ cm³

❹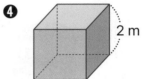
2 m

☐ m³

공식 변형 5

똑같은 수를 세 번 곱했을 때 나오는 결과를 구구단처럼 외워 두면 편리해요.

정육면체의 부피가 다음과 같을 때 ☐ 안에 알맞은 수를 써넣으세요.

❶ 부피: 216 cm³

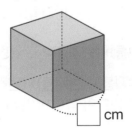
☐ cm

❷ 부피: 343 m³

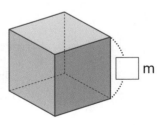
☐ m

❸ 부피: 729 cm³

☐ cm
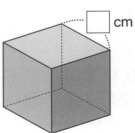

❹ 부피: 512 m³

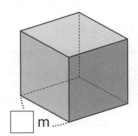
☐ m

28강 원기둥의 부피  특강

원기둥의 부피 구하는 공식 만들기

원기둥을 똑같은 크기의 조각 케이크 모양으로 잘라서 이어 붙이면 우리가 이미 구할 수 있는 직육면체의 부피를 이용하여 원기둥의 부피를 구할 수 있어요.

공식 유도

지름을 중심으로 절반씩 서로 다른 색으로 칠해서 나타내 보면 이해하기 쉬워요.

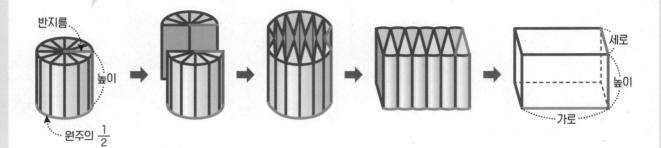

반지름
높이
원주의 $\frac{1}{2}$

세로
높이
가로

(원기둥의 부피)=(직육면체의 부피)

　　　　　　　=(가로)×(세로)×(높이)

　　　　　　　=(원주)×$\frac{1}{2}$×(반지름)×(높이)

(지름×$\frac{1}{2}$)은 반지름으로 바꿀 수 있어!

　　　　　　　=(지름)×(원주율)×$\frac{1}{2}$×(반지름)×(높이)

　　　　　　　=(반지름)×(반지름)×(원주율)×(높이)

　　　　　　　=(한 밑면의 넓이)×(높이)

공식

원기둥의 부피

(원기둥의 부피) = (한 밑면의 넓이) × (높이)

　　　　　　　　= (반지름) × (반지름) × (원주율) × (높이)

공식 적용 **1**

원기둥의 부피를 구하세요.(원주율: 3.14)

❶
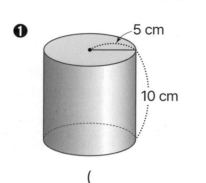
5 cm
10 cm

(   )

❷
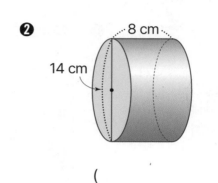
8 cm
14 cm

(   )

❸
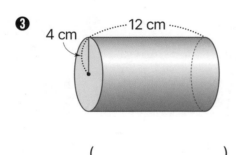
4 cm
12 cm

(   )

❹
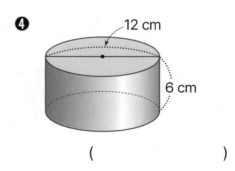
12 cm
6 cm

(   )

(원주)=(지름)×(원주율)

(지름)=(원주)÷(원주율)

❺
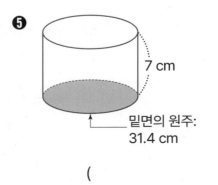
7 cm
밑면의 원주:
31.4 cm

(   )

❻
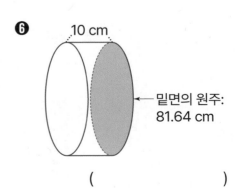
10 cm
밑면의 원주:
81.64 cm

(   )

28강 · 원기둥의 부피

원기둥의 부피가 다음과 같을 때 □ 안에 알맞은 수를 써넣으세요.(원주율: 3.14)

❶ 부피: 282.6 cm³

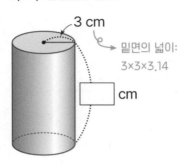

3 cm

밑면의 넓이:
3×3×3.14

☐ cm

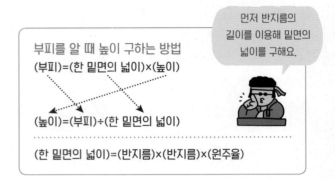

먼저 반지름의 길이를 이용해 밑면의 넓이를 구해요.

부피를 알 때 높이 구하는 방법
(부피)=(한 밑면의 넓이)×(높이)

(높이)=(부피)÷(한 밑면의 넓이)

(한 밑면의 넓이)=(반지름)×(반지름)×(원주율)

❷ 부피: 1899.7 cm³

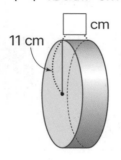

☐ cm

11 cm

❸ 부피: 150.72 cm³

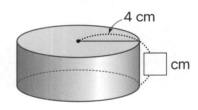

4 cm

☐ cm

❹ 부피: 942 cm³

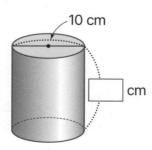

10 cm

☐ cm

❺ 부피: 3815.1 cm³

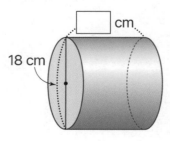

☐ cm

18 cm

공식 변형

3

원기둥의 부피가 다음과 같을 때 □ 안에 알맞은 수를 써넣으세요. (원주율: 3.14)

❶ 부피: 615.44 cm³

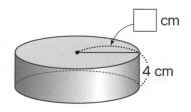

□ cm

4 cm

> ① 한 밑면의 넓이를 구하고,
> ② 반지름을 구해.

부피를 알 때 밑면의 반지름 구하는 방법

(부피)=(한 밑면의 넓이)×(높이)

(한 밑면의 넓이)=(부피)÷(높이)

(한 밑면의 넓이)=(반지름)×(반지름)×(원주율)

(반지름)×(반지름)=(한 밑면의 넓이)÷(원주율)

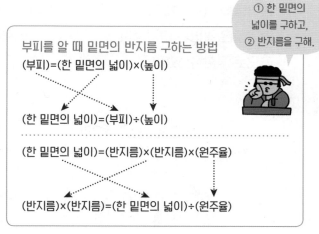

❷ 부피: 1017.36 cm³

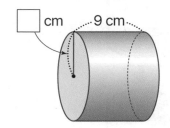

□ cm   9 cm

❸ 부피: 653.12 cm³

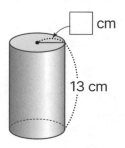

□ cm

13 cm

❹ 부피: 942 cm³

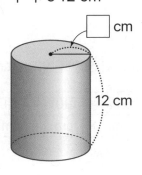

□ cm

12 cm

❺ 부피: 706.5 cm³

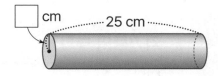

□ cm   25 cm

각기둥의 부피 구하는 공식 만들기

원기둥을 직육면체로 만들어서 밑면의 넓이와 높이의 곱으로 부피를 구할 수 있었어요.
각기둥은 밑면인 다각형이 높이만큼 쌓여 만들어진 입체도형이니 각기둥의 부피도 밑면의 넓이와 높이의
곱으로 구할 수 있어요.

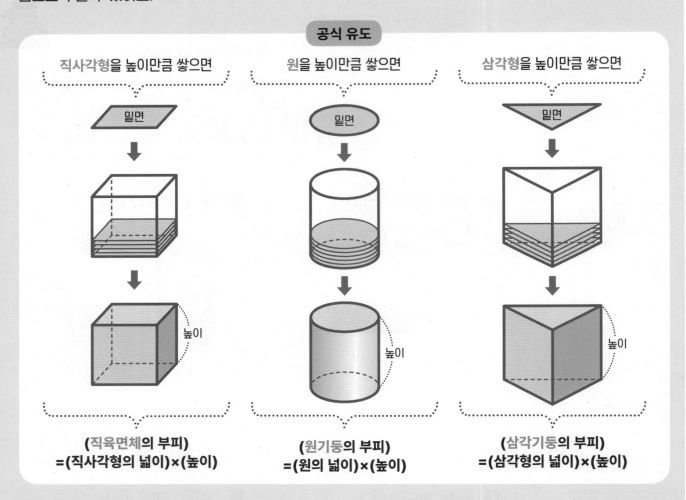

공식 유도

직사각형을 높이만큼 쌓으면 | 원을 높이만큼 쌓으면 | 삼각형을 높이만큼 쌓으면

밑면 | 밑면 | 밑면

높이 | 높이 | 높이

(직육면체의 부피)
=(직사각형의 넓이)×(높이)

(원기둥의 부피)
=(원의 넓이)×(높이)

(삼각기둥의 부피)
=(삼각형의 넓이)×(높이)

공식

각기둥의 부피

> (각기둥의 부피)
> = (한 밑면의 넓이) × (높이)

여기서 잠깐! 단위만 살펴볼까요?

길이	×	길이	=	넓이	넓이	×	길이	=	부피
cm	×	cm	=	cm²	cm²	×	cm	=	cm³

공식 이해 **1**

주어진 한 밑면의 넓이와 높이를 보고 기둥 모양의 부피를 구하세요.

❶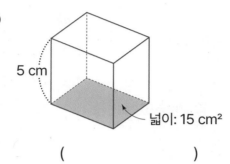

5 cm

넓이: 15 cm²

(   )

❷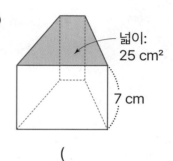

넓이:
25 cm²

7 cm

(   )

❸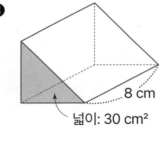

8 cm

넓이: 30 cm²

(   )

❹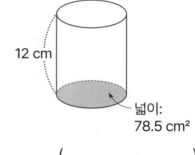

12 cm

넓이:
78.5 cm²

(   )

❺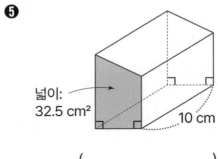

넓이:
32.5 cm²

10 cm

(   )

❻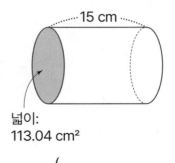

15 cm

넓이:
113.04 cm²

(   )

141

· (삼각형의 넓이)
  =(밑변)×(높이)÷2
· (직사각형의 넓이)
  =(가로)×(세로)
· (사다리꼴의 넓이)
  ={(윗변)+(아랫변)}×(높이)÷2
· (원의 넓이)
  =(반지름)×(반지름)×(원주율)

한 밑면의 넓이를 구하고 기둥 모양의 부피를 구하세요.(원주율: 3.14)

❶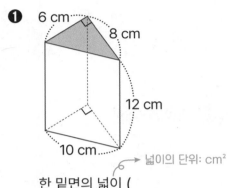

넓이의 단위: cm²

한 밑면의 넓이 (   )

부피 (   )

부피의 단위: cm³

❷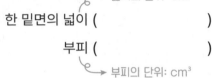

한 밑면의 넓이 (   )

부피 (   )

❸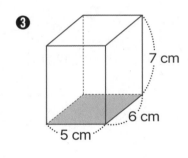

한 밑면의 넓이 (   )

부피 (   )

❹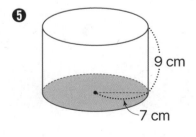

한 밑면의 넓이 (   )

부피 (   )

❺

한 밑면의 넓이 (   )

부피 (   )

❻

한 밑면의 넓이 (   )

부피 (   )

3

기둥 모양의 부피가 다음과 같을 때 ☐ 안에 알맞은 수를 써넣으세요.

❶ 부피: 180 cm³

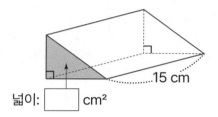

15 cm

넓이: ☐ cm²

❷ 부피: 390 cm³

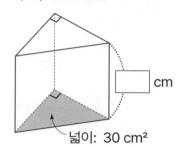

☐ cm

넓이: 30 cm²

❸ 부피: 60 cm³

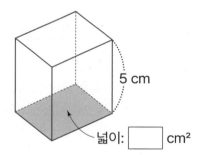

5 cm

넓이: ☐ cm²

❹ 부피: 168 cm³

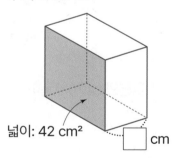

넓이: 42 cm²

☐ cm

❺ 부피: 1256 cm³

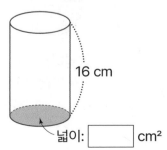

16 cm

넓이: ☐ cm²

❻ 부피: 125.6 cm³

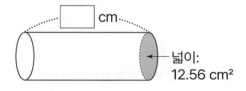

☐ cm

넓이: 12.56 cm²

특강

부피와 겉넓이를 한번에 정리해 볼까요?

앞에서 우리는 기둥 모양 입체도형의 겉넓이를 구하는 방법을 알아보았어요.
부피만 구한다고 겉넓이 구하는 방법을 잊어버린 것 아니죠?

부피	겉넓이
(한 밑면의 넓이)×(높이)	(한 밑면의 넓이)×2+(옆면의 넓이)

직육면체

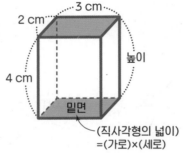

(직사각형의 넓이)
=(가로)×(세로)

(부피)
=(한 밑면의 넓이)×(높이)
=3×2×4

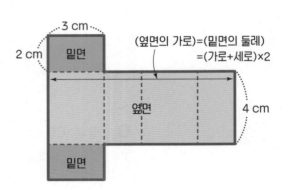

(옆면의 가로)=(밑면의 둘레)
=(가로+세로)×2

(겉넓이)
=(한 밑면의 넓이)×2+(옆면의 넓이)
=3×2×2+(3+2+3+2)×4
　　　　　　　옆면의 가로

원기둥

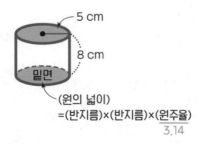

(원의 넓이)
=(반지름)×(반지름)×(원주율)
　　　　　　　　3.14

(부피)
=(한 밑면의 넓이)×(높이)
=5×5×3.14×8

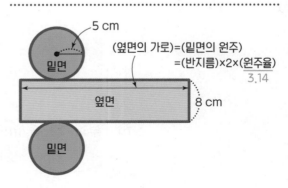

(옆면의 가로)=(밑면의 원주)
=(반지름)×2×(원주율)
　　　　　　　　　3.14

(겉넓이)
=(한 밑면의 넓이)×2+(옆면의 넓이)
=5×5×3.14×2+(5×2×3.14)×8
　　　　　　　　　　옆면의 가로

공식 적용 **1**

직육면체의 겉넓이와 부피를 구하세요.

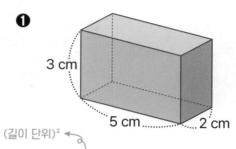

❶ 3 cm 5 cm 2 cm

(길이 단위)²

겉넓이 (   )

(길이 단위)³ 부피 (   )

❷ 3 cm 20 cm 10 cm

겉넓이 (   )

부피 (   )

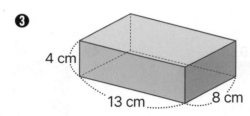

❸ 4 cm 13 cm 8 cm

겉넓이 (   )

부피 (   )

❹ 14 cm 12 cm 15 cm

겉넓이 (   )

부피 (   )

공식 적용 **2**

정육면체의 겉넓이와 부피를 구하세요.

정육면체는 모든 모서리의 길이
가 같아요.

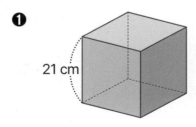

❶ 21 cm

겉넓이 (   )

부피 (   )

❷ 한 면의 둘레:
72 cm

겉넓이 (   )

부피 (   )

공식 적용 **3**

원기둥의 겉넓이와 부피를 구하세요.(원주율: 3.14)

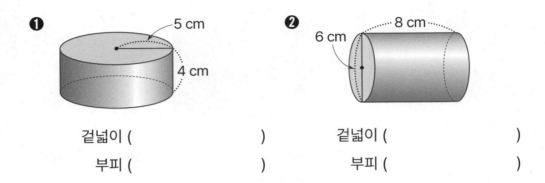

❶

5 cm

4 cm

겉넓이 (   )

부피 (   )

❷

8 cm

6 cm

겉넓이 (   )

부피 (   )

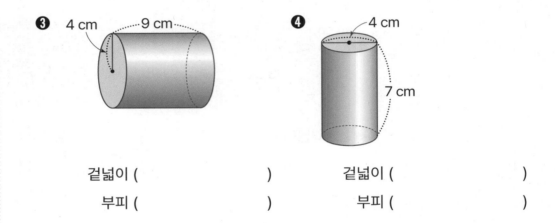

❸

4 cm

9 cm

겉넓이 (   )

부피 (   )

❹

4 cm

7 cm

겉넓이 (   )

부피 (   )

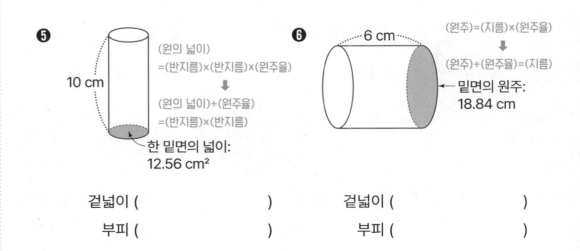

❺

10 cm

(원의 넓이)
=(반지름)×(반지름)×(원주율)

⬇

(원의 넓이)÷(원주율)
=(반지름)×(반지름)

한 밑면의 넓이:
12.56 cm²

겉넓이 (   )

부피 (   )

❻

6 cm

(원주)=(지름)×(원주율)

⬇

(원주)÷(원주율)=(지름)

밑면의 원주:
18.84 cm

겉넓이 (   )

부피 (   )

146

공식 활용 4

모양이 달라도 부피는 같을 수 있어요. 보이는 세 면의 넓이의 합이 작은 것이 겉넓이도 작아요.

같은 부피를 가지는 세 직육면체 중 겉넓이가 가장 작은 것에 ○표 하세요.

❶ 부피: 420 cm³

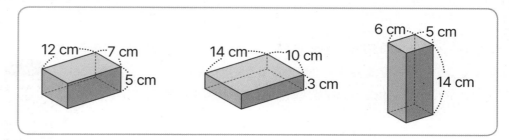

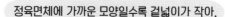

❷ 부피: 288 cm³

정육면체에 가까운 모양일수록 겉넓이가 작아.

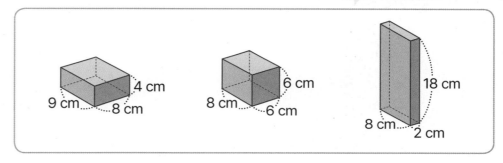

❸ 부피: 216 cm³

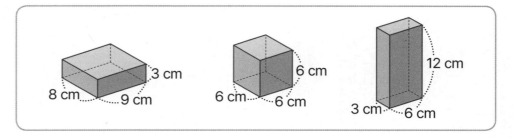

❹ 부피: 512 cm³

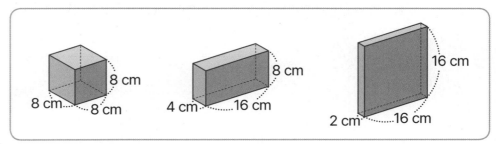

대표문제 1 직육면체와 원기둥을 이용하여 만든 입체도형입니다. 입체도형의 부피를 구해 보세요.(원주율: 3.14)

입체도형을 살펴보면 양 옆의 굽은 부분은 원기둥이 반으로 잘린 모양이고, 가운데 부분은 직육면체인 걸 알 수 있어요.

(입체도형의 부피)=(직육면체의 부피)+(원기둥의 부피)

❶ 가운데 직육면체 모양의 부피를 구해요.

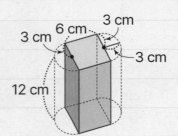

▶ (직육면체의 부피)=(가로)×(세로)×(높이)

= _____ × _____ × _____

= _____ (cm³)

❷ 양 옆의 굽은 부분을 합친 원기둥 모양의 부피를 구해요.

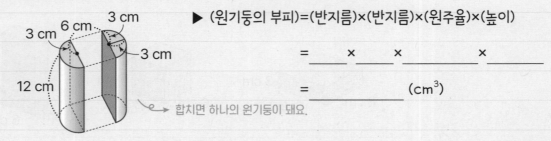

▶ (원기둥의 부피)=(반지름)×(반지름)×(원주율)×(높이)

= _____ × _____ × _____ × _____

= _____ (cm³)

↳ 합치면 하나의 원기둥이 돼요.

❸ 입체도형의 부피를 구해요.

▶ (입체도형의 부피)=(직육면체의 부피)+(원기둥의 부피)

= _____ + _____ = _____ (cm³)

답 _____

도형 감각 **1**

입체도형의 모양이 복잡해도 앞에서 배운 직육면체와 원기둥 모양으로 나눌 수 있으면 구할 수 있어요.

직육면체와 원기둥을 이용하여 만든 입체도형입니다. 부분으로 나누어 각각의 부피를 구해 더하는 방법으로 입체도형의 부피를 구하세요.(원주율: 3.14)

❶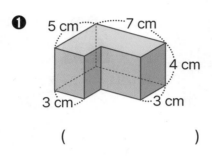

(   )

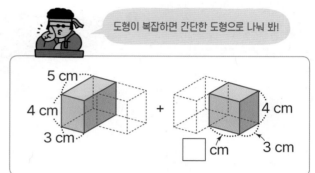
도형이 복잡하면 간단한 도형으로 나눠 봐!

❷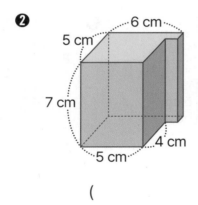

(   )

❸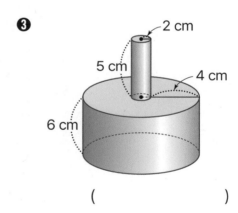

(   )

❹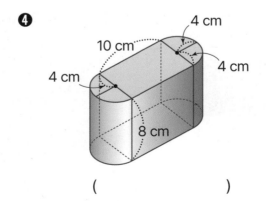

(   )

❺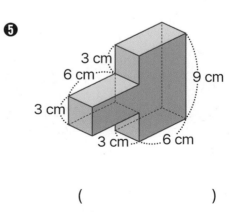

(   )

149

도형 감각 **2**

비어 있는 부분을 채운 모양에서 빈 부분을 빼서 구할 수도 있어요.

직육면체와 원기둥을 이용하여 만든 입체도형입니다. 전체 입체도형의 부피에서 비어 있는 입체도형의 부피를 빼는 방법으로 입체도형의 부피를 구하세요. (원주율: 3.14)

❶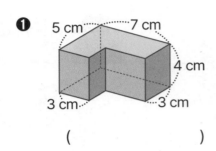

(   )

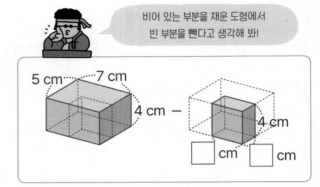

비어 있는 부분을 채운 도형에서 빈 부분을 뺀다고 생각해 봐!

❷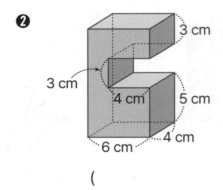

(   )

❸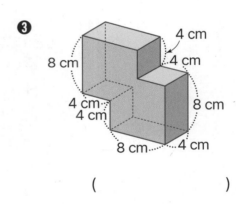

(   )

❹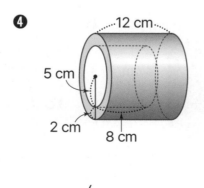

(   )

❺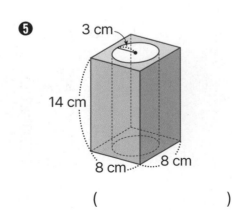

(   )

도형 감각

3

직육면체와 원기둥을 이용하여 만든 입체도형입니다. 한 밑면의 넓이를 이용하여 입체도형의 부피를 구하세요.(원주율: 3.14)

밑면을 높이만큼 쌓아 올려 만든 기둥 모양이므로 밑면의 넓이와 높이의 곱으로 부피를 구할 수 있어요.

❶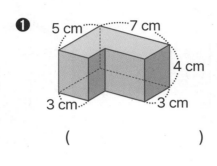

(   )

기둥 모양이라면 밑면의 넓이와 높이로 부피를 구할 수 있어!

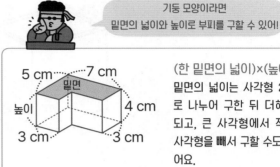

(한 밑면의 넓이)×(높이)
밑면의 넓이는 사각형 2개로 나누어 구한 뒤 더해도 되고, 큰 사각형에서 작은 사각형을 빼서 구할 수도 있어요.

❷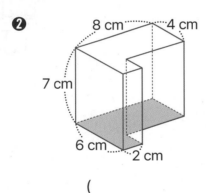

(   )

❸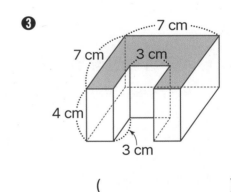

(   )

❹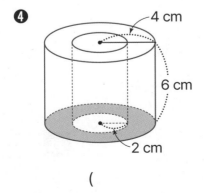

(   )

❺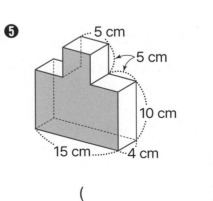

(   )

 대표문제 1   직육면체 모양의 수조에 돌을 넣었더니 그림과 같이 물의 높이가 올라갔습니다. 넣은 돌의 부피를 구하세요.

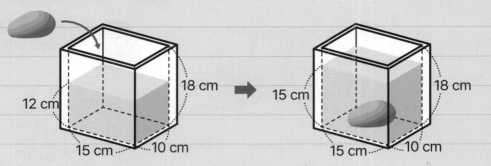

직육면체의 부피를 구하는 방법으로 울퉁불퉁한 돌의 부피를 구할 수 있어요.

(돌의 부피)=(늘어난 물의 부피)

     =(그릇의 밑면의 넓이)×(늘어난 물의 높이)

❶ 수조의 밑면의 넓이를 구해요.

▶ (밑면의 넓이)=(가로)×(세로)

     =_____ × _____ = _____ (cm²)

❷ 늘어난 물의 높이를 구해요.

▶ (처음 물의 높이)=_____ cm, (돌을 넣고 난 후의 물의 높이)=_____ cm

   (늘어난 물의 높이)=_____ cm

❸ 돌의 부피를 구해요.

▶ (돌의 부피)=(밑면의 넓이)×(늘어난 물의 높이)

     =_____ × _____ = _____ (cm³)

답 _____

복습

도형 감각 **1**

직육면체 모양의 수조에 돌을 넣었더니 그림과 같이 물의 높이가 올라갔습니다. 넣은 돌의 부피를 구하세요.

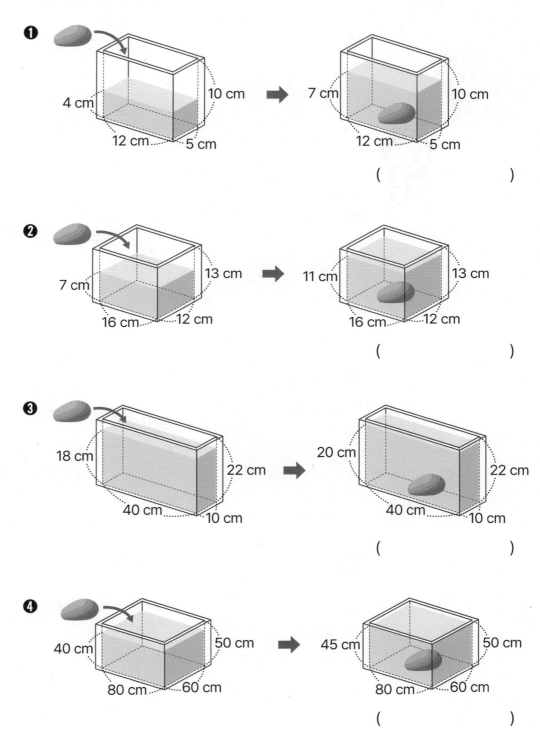

❶

4 cm 10 cm ➡ 7 cm 10 cm
12 cm 5 cm 12 cm 5 cm

(   )

❷

7 cm 13 cm ➡ 11 cm 13 cm
16 cm 12 cm 16 cm 12 cm

(   )

❸

18 cm 22 cm ➡ 20 cm 22 cm
40 cm 10 cm 40 cm 10 cm

(   )

❹

40 cm 50 cm ➡ 45 cm 50 cm
80 cm 60 cm 80 cm 60 cm

(   )

도형 감각

2

원기둥 모양의 수조에 돌을 넣었더니 그림과 같이 물의 높이가 올라갔습니다. 넣은 돌의 부피를 구하세요.(원주율: 3.14)

수조가 원기둥 모양이면 밑면의 넓이는 원의 넓이로 구하면 돼!

❶

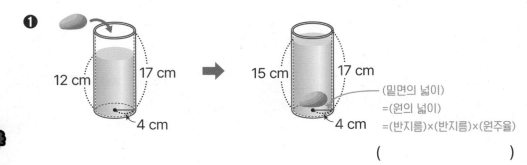

12 cm, 17 cm, 4 cm → 15 cm, 17 cm, 4 cm

(밑면의 넓이)
=(원의 넓이)
=(반지름)×(반지름)×(원주율)

(   )

❷

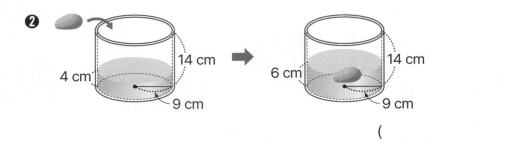

14 cm, 4 cm, 9 cm → 14 cm, 6 cm, 9 cm

(   )

❸

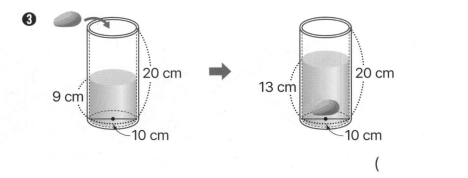

20 cm, 9 cm, 10 cm → 20 cm, 13 cm, 10 cm

(   )

❹

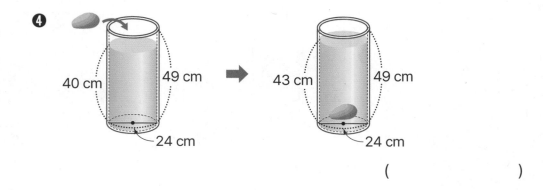

40 cm, 49 cm, 24 cm → 43 cm, 49 cm, 24 cm

(   )

도형 감각 3

그림과 같이 물이 들어 있는 수조에 잠겨 있던 돌을 꺼냈더니 물의 높이가 내려갔습니다. 꺼낸 돌의 부피를 구하세요.(원주율: 3.14)

돌을 넣거나 뺐을 때 변하는 높이만큼의 물의 부피가 돌의 부피와 같아요.

❶
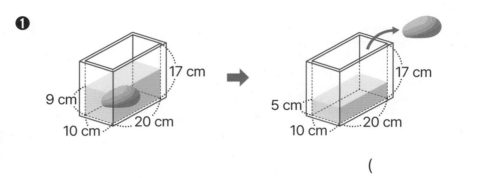

(   )

❷
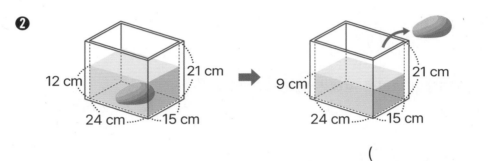

(   )

❸
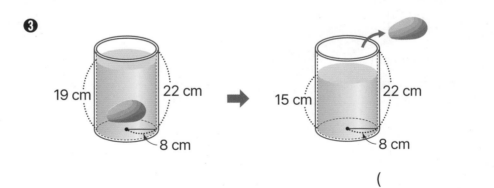

(   )

❹
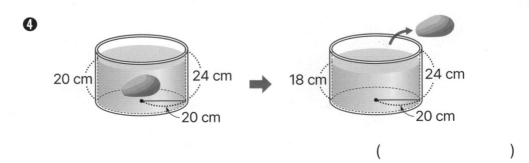

(   )

1 1개의 부피가 1 cm³인 쌓기나무를 직육면체 모양으로 쌓았습니다. 부피를 쓰고, 읽어 보세요.

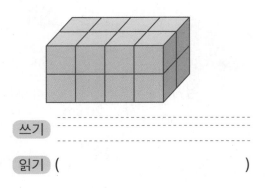

쓰기 --------------------------------

읽기 ( )

2 직육면체의 부피를 구해 단위에 맞게 나타내세요.

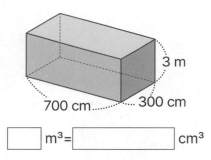

3 m

700 cm   300 cm

[ ] m³=[ ] cm³

3 정육면체의 부피를 구하세요.

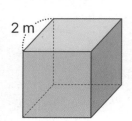

2 m

[ ] m³

4 색칠한 면의 넓이를 이용하여 직육면체의 부피를 구하세요.

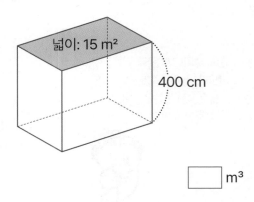

넓이: 15 m²

400 cm

[ ] m³

5 주어진 한 밑면의 넓이와 높이를 보고 각기둥의 부피를 구하세요.

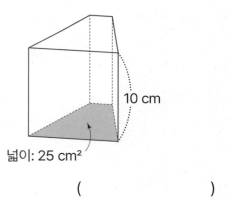

10 cm

넓이: 25 cm²

( )

6 부피가 343 cm³인 정육면체의 한 모서리의 길이를 구하세요.

( )

156

7 직육면체를 이용하여 만든 입체도형입니다. 부피를 구하세요.

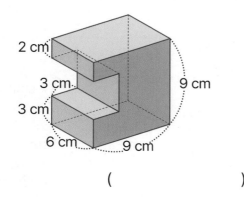

( )

8 원기둥을 이용하여 만든 입체도형입니다. 한 밑면의 넓이를 이용하여 부피를 구하세요.(원주율: 3.14)

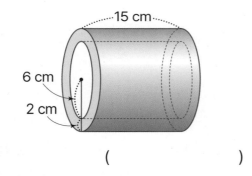

( )

9 원기둥의 겉넓이와 부피를 구하세요.
(원주율: 3.14)

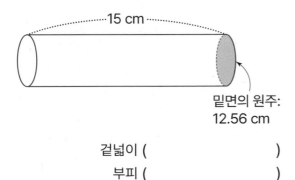

겉넓이 ( )
부피 ( )

10 색칠한 면의 둘레와 넓이가 다음과 같을 때 직육면체의 겉넓이와 부피를 구하세요.

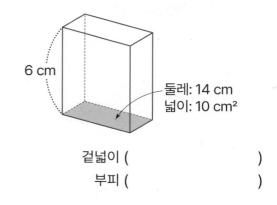

겉넓이 ( )
부피 ( )

11 원기둥 모양의 수조에 돌을 넣었더니 그림과 같이 물의 높이가 올라갔습니다. 넣은 돌의 부피를 구하세요.(원주율: 3.14)

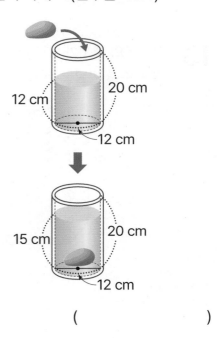

( )

12 그림과 같이 물이 들어 있는 수조에 잠겨 있던 돌을 꺼냈더니 물의 높이가 내려갔습니다. 꺼낸 돌의 부피를 구하세요.

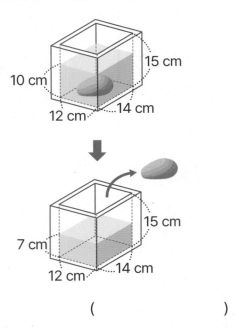

(   )

14 세 직육면체의 부피는 모두 144 cm³입니다. 겉넓이가 가장 넓은 것을 찾아 기호를 쓰세요.

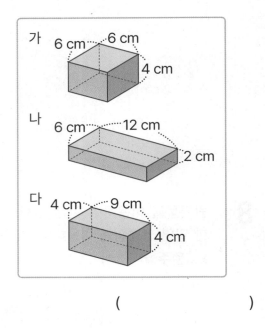

(   )

13 각기둥의 부피가 104 cm³일 때 □ 안에 알맞은 수를 써넣으세요.

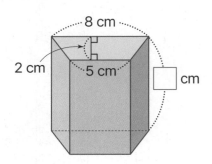

15 원기둥의 부피가 113.04 cm³일 때, 밑면의 반지름을 구하세요.(원주율: 3.14)

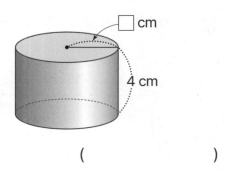

(   )

memo

지은이 기적학습연구소

"혼자서 작은 산을 넘는 아이가 나중에 큰 산도 넘습니다"

본 연구소는 아이들이 혼자서 큰 산까지 넘을 수 있는 힘을 키워주고자 합니다.
아이들의 연령에 맞게 학습의 산을 작게 만들어 혼자서도 쉽게 넘을 수 있게 만듭니다.
때로는 작은 고난도 경험하게 하여 성취감도 맛보게 합니다.
그리고 아이들에게 실제로 적용해서 검증을 통해 차근차근 책을 만들어 갑니다.
아이가 주인공인 기적학습연구소 [수학과]의 대표적 저작물은 <기적의 계산법>, <기적의 계산법 응용up>,
<기적의 문제해결법> 등이 있습니다.

 눈앞에 짠 펼쳐지는 입체도형

초판 발행 2023년 12월 18일
초판 2쇄 발행 2024년 2월 27일

지은이 기적학습연구소
발행인 이종원
발행처 길벗스쿨
출판사 등록일 2006년 6월 16일
주소 서울시 마포구 월드컵로 10길 56(서교동 467-9)
대표 전화 02)332-0931   **팩스** 02)323-0586
홈페이지 www.gilbutschool.co.kr   **이메일** gilbut@gilbut.co.kr

기획 양민희(judy3097@gilbut.co.kr)   **책임 편집 및 진행** 강현숙
제작 이준호, 손일순, 이진혁   **영업마케팅** 문세연, 박선경, 박다슬   **웹마케팅** 박달님, 이재윤
영업관리 김명자, 정경화   **독자지원** 윤정아

표지 디자인 유어텍스트 배진웅   **본문 디자인** 퍼플페이퍼 정보라   **본문 일러스트** 김태형
인쇄 교보피앤비   **제본** 경문제책사

ISBN 979-11-6406-633-9 63410 (길벗스쿨 도서번호 10798)

정가 14,000원

독자의 1초를 아껴주는 정성 **길벗출판사** --

길벗스쿨 국어학습서, 수학학습서, 유아콘텐츠유닛, 주니어어학1/2, 어린이교양1/2, 교과서, 길벗스쿨콘텐츠유닛
길벗 IT실용서, IT/일반 수험서, IT전문서, 어학단행본, 어학수험서, 경제실용서, 취미실용서, 건강실용서, 자녀교육서
더퀘스트 인문교양서, 비즈니스서

앗!

본책의 정답과 풀이를 분실하셨나요?
길벗스쿨 홈페이지에 들어오시면 내려받으실 수 있습니다.
https://school.gilbut.co.kr/

주제별 단기완성

기적특강

눈앞에 짠 펼쳐지는 입체도형

정답과 풀이

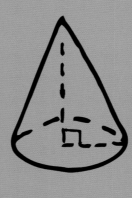

차례

정답과 풀이

1. 입체도형

01강	입체도형	12~13쪽

1	(△) (△) (○) (△) (○) (△) (○) (△) (△) (○)

2	(△) (○) (△) (○) (△) (○) (△) (○) (○) (○)

3	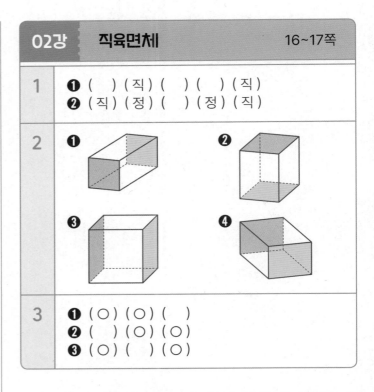

1 평면도형은 길이나 폭만 있고 두께가 없습니다. 입체도형은 두께까지 있어 공간에서 일정한 크기를 차지합니다.

 참고

평면도형은 실선만 보이고, 입체도형은 점선과 실선이 함께 보입니다.

2 기둥 모양은 한 쌍의 합동이고 평행인 면이 있고, 뿔 모양은 뽀족한 부분이 있습니다.

3 겨냥도에서 보이는 모서리는 실선으로, 보이지 않는 모서리는 점선으로 나타냅니다.

02강	직육면체	16~17쪽

1	❶ ( ) (직) ( ) ( ) (직) ❷ (직) (정) ( ) (정) (직)

2	❶ ❷ ❸ ❹

3	❶ (○) (○) ( ) ❷ ( ) (○) (○) ❸ (○) ( ) (○)

2 직육면체에서 평행한 면은 서로 마주 보고 만나지 않는 면입니다.

3 직육면체의 서로 다른 세 면은 서로 수직으로 만납니다. 색칠한 면과 합동이 아닌 면을 찾으면 수직으로 만납니다.

2

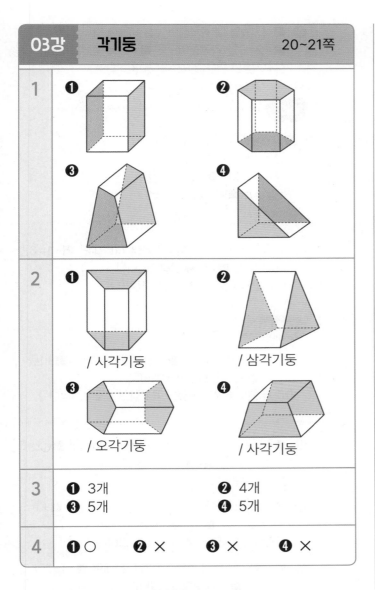

1
❶ ❷
❸ ❹

2
❶ / 사각기둥
❷ / 삼각기둥
❸ / 오각기둥
❹ / 사각기둥

3
❶ 3개   ❷ 4개
❸ 5개   ❹ 5개

4
❶ ○   ❷ ×   ❸ ×   ❹ ×

1
❶ ❷
❸ ❹

2
❶ 육각뿔   ❷ 오각뿔
❸ 사각뿔   ❹ 칠각뿔

3
❶ 3개   ❷ 6개
❸ 5개   ❹ 7개

4
❶ ○   ❷ ×   ❸ ○   ❹ ×

---

1 각기둥에서 평행한 면은 서로 마주 보고 만나지 않는 면입니다.

2 ❷~❹ 바닥 면에 놓여 있다고 모두 밑면이 되는 것은 아닙니다. 각기둥의 밑면은 서로 마주 보고 합동인 두 면입니다.

3 각기둥에서 밑면에 수직인 면은 옆면입니다.

4 ❶ 밑면의 모양이 원인 기둥 모양의 입체도형은 원기둥입니다. 각기둥의 밑면의 모양은 다각형입니다.

❷ 각기둥의 옆면은 모두 직사각형입니다.

❸ 각기둥의 옆면의 수는 한 밑면의 변의 수와 같습니다.

❹ 삼각기둥의 옆면은 직사각형입니다.

---

1 각뿔의 밑면은 뾰족한 점과 마주 보는 쪽에 있는 면입니다.

2 ❸ 바닥에 놓여 있는 면이 항상 밑면은 아닙니다. 각뿔의 꼭짓점과 마주 보는 쪽에 있는 면을 찾습니다.

3 ❶ 밑면인 삼각형의 변의 수만큼 옆면이 있습니다.

다른풀이

모든 면이 삼각형이므로 전체 면의 수에서 각뿔의 밑면의 수 1을 빼도 됩니다.

❷~❹ 밑면의 변의 수만큼 옆면이 있습니다.

다른풀이

각뿔의 옆면은 모두 삼각형이므로 삼각형인 면의 수를 세면 됩니다.

4 ❷ 각뿔의 옆면은 모두 한 점에서 만나고, 밑면과 옆면이 수직으로 만나는 것은 각기둥입니다.

❹ 오각뿔의 옆면은 삼각형이고, 밑면이 오각형입니다.

05강	구성 요소의 개수	28~31쪽

1	❶ 4, 8, 6, 12	❷ 3, 4, 4, 6
	❸ 5, 10, 7, 15	❹ 6, 7, 7, 12
	❺ 3, 6, 5, 9	❻ 4, 5, 5, 8
2	❶ 9개	❷ 8개
	❸ 7개	❹ 18개
3	❶ 4개	❷ 8개
	❸ 6개	❹ 7개
4	❶ 15개	❷ 12개
	❸ 14개	❹ 5개
5	❶ 6개	❷ 4개
	❸ 8개	❹ 7개
6	❶ 삼각뿔	
	❷ 칠각기둥	❸ 오각뿔
	❹ 육각기둥	❺ 사각뿔

1 ❺ 마주 보고 합동인 면이 삼각형인 삼각기둥입니다.

❻ 뾰족한 점과 마주 보는 면이 사각형인 사각뿔입니다.

주의

바닥에 놓여 있는 면이 항상 밑면이라고 생각하지 않도록 조심합니다. 각기둥의 밑면은 서로 마주 보고 평행한지 확인하고, 각뿔의 밑면은 뾰족한 점과 마주 보는 면인지 확인합니다.

4 ❶ ■각기둥일 때 꼭짓점의 수를 이용해 나타내면
■×2=10인 각기둥이므로 ■=5 ➡ 오각기둥입니다.
오각기둥의 모서리는 5×3=15(개)입니다.

❷ ■각기둥일 때 모서리의 수를 이용해 나타내면
■×3=18인 각기둥이므로 ■=6 ➡ 육각기둥입니다.
육각기둥의 꼭짓점은 6×2=12(개)입니다.

❸ ■각기둥일 때 면의 수를 이용해 나타내면
■+2=9인 각기둥이므로 ■=7 ➡ 칠각기둥입니다.
칠각기둥의 꼭짓점은 7×2=14(개)입니다.

❹ ■각기둥일 때 꼭짓점의 수를 이용해 나타내면
■×2=6인 각기둥이므로 ■=3 ➡ 삼각기둥입니다.
삼각기둥의 면은 3+2=5(개)입니다.

참고

■각기둥의 구성 요소의 개수
(꼭짓점의 수)=■×2,
(모서리의 수)=■×3,
(면의 수)=■+2

5 ❶ ■각뿔일 때 면의 수를 이용해 나타내면 ■+1=6인 각뿔이므로 ■=5 ➡ 오각뿔입니다.
오각뿔의 꼭짓점은 5+1=6(개)입니다.

다른풀이

■각뿔에서 (면의 수)=■+1, (꼭짓점의 수)=■+1로 면의 수와 꼭짓점의 수가 같습니다.
따라서 면이 6개인 각뿔의 꼭짓점의 수도 6개입니다.

❷ ■각뿔일 때 모서리의 수를 이용해 나타내면 ■×2=6인 각뿔이므로 ■=3 ➡ 삼각뿔입니다.
삼각뿔의 면은 3+1=4(개)입니다.

❸ ■각뿔일 때 꼭짓점의 수를 이용해 나타내면 ■+1=5인 각뿔이므로 ■=4 ➡ 사각뿔입니다.
사각뿔의 모서리는 4×2=8(개)입니다.

❹ ■각뿔일 때 면의 수를 이용해 나타내면 ■+1=7인 각뿔이므로 ■=6 ➡ 육각뿔입니다.
육각뿔의 꼭짓점은 6+1=7(개)입니다.

참고

■각뿔의 구성 요소의 개수
(꼭짓점의 수)=■+1,
(모서리의 수)=■×2,
(면의 수)=■+1

6 ❸ 면의 수가 6개인 각뿔을 설명하고 있으므로 오각뿔입니다.

❺ ■각뿔의 모서리의 수는 ■×2, 면의 수는 ■+1이므로
■×2=(■+1)+3, ■×2=■+4, ■=4 ➡ 사각뿔입니다.

06강	원기둥, 원뿔, 구	34~37쪽
1	❶ ( ) ( ) ( ) (○) ( ) ❷ ( ) ( ) (○) ( ) ( )	
2	❶ 10 cm / 9 cm　　❷ 20 cm / 10 cm ❸ 12 cm / 8 cm　　❹ 16 cm / 11 cm	
3	❶ ㉠ 원뿔의 꼭짓점, ㉡ 밑면 ❷ ㉠ 모선, ㉡ 높이	
4	❶ 10 cm / 13 cm / 12 cm ❷ 16 cm / 17 cm / 15 cm ❸ 18 cm / 15 cm / 12 cm ❹ 14 cm / 25 cm / 24 cm	
5	❶ 12 cm　　　　　❷ 16 cm	

6　❶ □ □ □(아래 ○)　　❷ □ □(가운데 ○) □　　❸ ○ □ □

7　❶ ○ □ □　　❷ □ □(가운데 ○) □

8　❶○　❷×　❸×　❹○

---

❷ 주어진 도형은 구입니다. 구의 중심에서 구의 둘레를 잇는 선분의 길이가 구의 반지름이므로 구의 반지름은 4 cm입니다.

❸ 주어진 도형은 원뿔입니다. 밑면의 지름은 그림의 자의 눈금을 읽어 알 수 있습니다. 밑면의 지름은 6 cm이고 원뿔에서 모선의 길이는 항상 높이보다 깁니다.

8 | ❷ 구의 중심은 1개뿐입니다.

❸ 원뿔의 밑면과 옆면은 서로 비스듬히 만납니다.

---

2 | ❶ 원기둥의 밑면은 원이므로 밑면의 지름은 반지름의 2배인 5×2=10 (cm)입니다.

❸ 원기둥의 높이는 두 밑면 사이의 거리를 나타냅니다.

❹ 원에서 지름은 원의 중심을 지나는 직선 중에서 원의 둘레와 만나는 선분의 길이입니다.

5 | ❶ 구의 지름은 구의 중심을 지나는 선분을 찾아야 합니다.

6 | ❶ 주어진 도형은 원기둥입니다. 밑면의 반지름은 6 cm, 높이는 4 cm이고, 두 밑면은 합동인 원이므로 넓이가 같습니다.

정답과 풀이

<table>
<tr><td>07강</td><td>상자를 둘러싼 끈의 길이</td><td>38~41쪽</td></tr>
</table>

대표문제1
❶ 2, 2, 4
❷ 2, 2, 4 / 14, 24, 36, 74

탑 74 cm

1
❶ 64 cm ❷ 180 cm
❸ 204 cm ❹ 240 cm
❺ 160 cm ❻ 400 cm

1

❶ 길이가 10 cm인 끈이 2군데, 길이가 22 cm인 끈이 2군데 있습니다. 필요한 끈의 길이는
10×2+22×2=20+44=64 (cm)입니다.

❷ 길이가 30 cm인 끈이 2군데, 길이가 20 cm인 끈이 6군데 있습니다. 필요한 끈의 길이는
30×2+20×6=60+120=180 (cm)입니다.

❸ 길이가 18 cm인 끈이 2군데, 길이가 20 cm인 끈이 2군데, 길이가 32 cm인 끈이 4군데 있습니다. 필요한 끈의 길이는
18×2+20×2+32×4=36+40+128=204 (cm) 입니다.

❹ 길이가 25 cm인 끈이 8군데, 길이가 10 cm인 끈이 4군데 있습니다. 필요한 끈의 길이는
25×8+10×4=200+40=240 (cm)입니다.

❺ 길이가 15 cm인 끈이 4군데, 길이가 25 cm인 끈이 4군데 있습니다. 필요한 끈의 길이는
15×4+25×4=60+100=160 (cm)입니다.

❻ 길이가 40 cm인 끈이 4군데, 길이가 30 cm인 끈이 8군데 있습니다. 필요한 끈의 길이는
40×4+30×8=160+240=400 (cm)입니다.

대표문제2
❶ 10, 15 / 10, 15, 50
❷ 10, 30
❸ 50, 30, 80

탑 80 cm

2
❶ 72 cm ❷ 104 cm
❸ 144 cm ❹ 242 cm
❺ 220 cm ❻ 360 cm

2

❶ 밑면인 원의 둘레와 길이가 같은 끈이 2군데 있습니다. 필요한 끈의 길이는 6×2×3×2=72 (cm)입니다.

 참고

(원의 둘레)=(원의 반지름)×2×(원주율)

❷ 밑면인 원의 지름과 길이가 같은 끈이 4군데, 원기둥의 높이와 길이가 같은 끈이 4군데 있습니다. 필요한 끈의 길이는 7×2×4+12×4=56+48=104 (cm)입니다.

❸ 밑면인 원의 둘레와 길이가 같은 끈이 3군데 있습니다. 필요한 끈의 길이는 8×2×3×3=144 (cm)입니다.

❹ 밑면인 원의 둘레와 길이가 같은 끈이 2군데, 밑면인 원의 지름과 길이가 같은 끈이 2군데, 원기둥의 높이와 길이가 같은 끈이 2군데 있습니다. 필요한 끈의 길이는
12×2×3×2+12×2×2+25×2
=144+48+50=242 (cm)입니다.

❺ 밑면인 원의 둘레와 길이가 같은 끈이 1군데, 밑면인 원의 지름과 길이가 같은 끈이 4군데, 원기둥의 높이와 길이가 같은 끈이 4군데 있습니다. 필요한 끈의 길이는
10×2×3+10×2×4+20×4
=60+80+80=220 (cm)입니다.

❻ 밑면인 원의 지름과 길이가 같은 끈이 6군데, 원기둥의 높이와 길이가 같은 끈이 6군데 있습니다. 필요한 끈의 길이는 15×2×6+30×6=180+180=360 (cm)입니다.

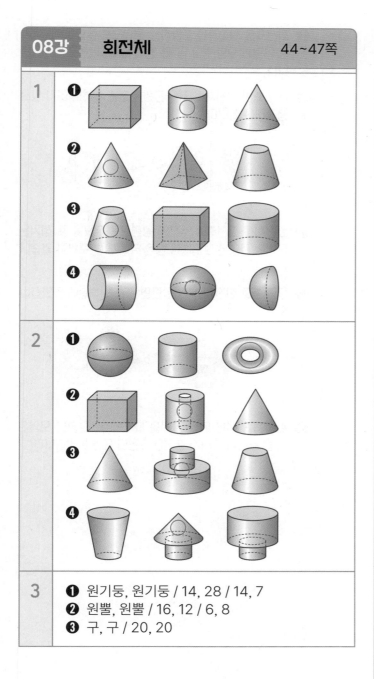

1
❶
❷
❸
❹

2
❶
❷
❸
❹

3
❶ 원기둥, 원기둥 / 14, 28 / 14, 7
❷ 원뿔, 원뿔 / 16, 12 / 6, 8
❸ 구, 구 / 20, 20

4
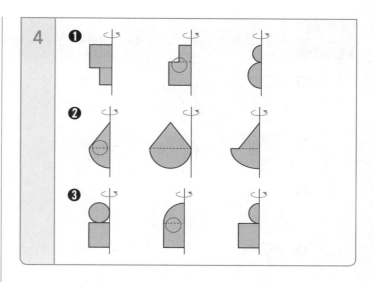

❶

❷

❸

1 ❶~❹ 회전해서 만들어지는 회전체는 굽은 면을 가지고 있습니다.

2 ❶ 오른쪽에 주어진 회전체에 회전축을 나타내서 비교해 봅니다.

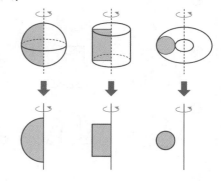

3 ❶~❷ 같은 도형을 회전축을 어디로 정하느냐에 따라 돌려서 만든 입체도형의 모양이 달라집니다. 회전축이 된 변이 높이가 됩니다.

❸ 지름이 같은 반원을 돌려서 만든 구는 돌린 방향에 상관없이 같은 구가 만들어집니다.

4 ❷ 왼쪽에 주어진 회전체에 먼저 회전축을 나타내고 돌리기 전의 평면도형을 찾아봅니다.

정답과 풀이

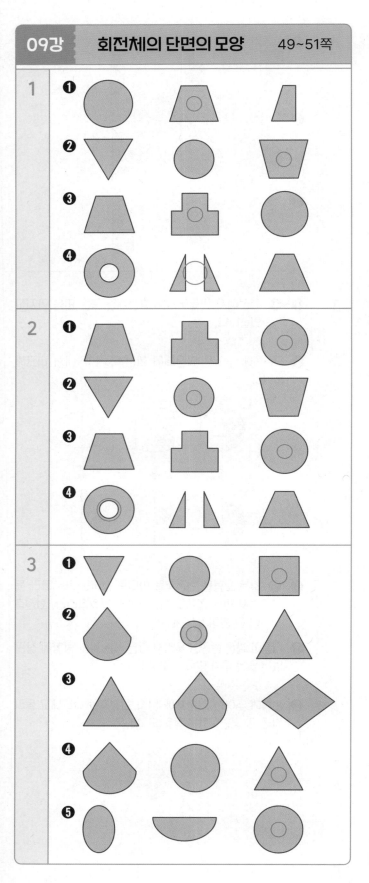

1

❶ 회전체를 회전축을 포함하는 평면으로 잘랐을 때 생기는 단면의 모양은 그 입체도형을 앞에서 본 모양과 같습니다.

❹ 구멍 뚫린 회전체를 자른 단면은 뚫린 부분도 잊지 않고 생각해야 합니다.

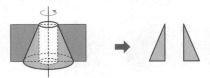

2

❶ 회전체를 회전축에 수직인 평면으로 잘랐을 때 생기는 단면의 모양은 그 입체도형을 위에서 본 모양과 같습니다.

❹ 구멍 뚫고 회전체를 자른 단면은 뚫린 부분에 주의합니다.

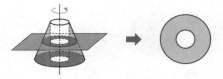

3

❶ 회전체를 선을 따라 잘랐을 때 생기는 단면의 모양은 그 선을 따라 그려서 생기는 도형의 모양과 같습니다.

10강　평가　

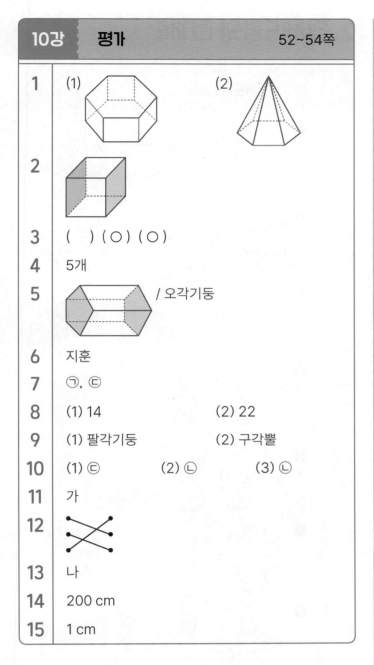

1 (1) (2)

2

3 (　) (◯) (◯)

4 5개

5 / 오각기둥

6 지훈

7 ㉠, ㉢

8 (1) 14　　　　　(2) 22

9 (1) 팔각기둥　　　(2) 구각뿔

10 (1) ㉢　　　(2) ㉡　　　(3) ㉡

11 가

12

13 나

14 200 cm

15 1 cm

---

1 입체도형의 겨냥도는 보이는 모서리는 실선으로, 보이지 않는 모서리는 점선으로 나타냅니다.

2 정육면체에서 서로 마주 보는 면은 평행합니다.

3 직육면체에서 서로 만나는 면들은 모두 수직입니다.

4 주어진 입체도형은 밑면의 모양이 오각형인 오각기둥입니다. 각기둥의 옆면의 수는 한 밑면의 변의 수와 같습니다.

바닥에 놓이는 면이 항상 밑면은 아닙니다. 마주 보는 면이 서로 평행하고 합동인 면이 밑면입니다.

5 각기둥의 이름은 밑면의 모양에 따라 정해집니다. 따라서 이 입체도형의 이름은 오각기둥입니다.

6 각기둥에서 옆면은 한 밑면의 변의 수만큼 있고, 모두 사각형입니다.

7 ㉢ 각뿔의 옆면은 모두 삼각형입니다.

8 (1) 삼각기둥에서
　　(모서리의 수)=3×3=9
　　(면의 수)=3+2=5
　　➡ 모서리의 수와 면의 수의 합: 9+5=14

　(2) 칠각뿔에서
　　(꼭짓점의 수)=7+1=8
　　(모서리의 수)=7×2=14
　　➡ 꼭짓점의 수와 모서리의 수의 합: 8+14=22

9 (1) 밑면과 옆면이 수직으로 만나는 도형은 각기둥입니다.
　　꼭짓점의 수가 16인 각기둥은 ■×2=16에서
　　16÷2=8 ➡ 팔각기둥입니다.

참고

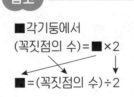

■각기둥에서
(꼭짓점의 수)=■×2

■=(꼭짓점의 수)÷2

　(2) 옆면이 모두 한 점에서 만나는 도형은 각뿔입니다.
　　모서리의 수가 18인 각뿔은 ■×2=18에서
　　18÷2=9 ➡ 구각뿔입니다.

참고

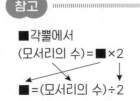

■각뿔에서
(모서리의 수)=■×2

■=(모서리의 수)÷2

정답과 풀이

10
(1) 주어진 도형은 밑면의 반지름이 6 cm, 높이가 5 cm 인 원기둥입니다.

(2) 주어진 도형은 반지름이 6 cm인 구입니다.

(3) 주어진 도형은 반지름이 5 cm, 높이가 12 cm, 모선의 길이가 13 cm인 원뿔입니다.

11
회전체를 회전축에 수직인 평면으로 자른 단면의 모양은 위에서 본 모양과 같습니다. 구멍 뚫린 모양에 주의하여 찾아 봅니다.

12
회전체에 먼저 회전축을 나타내 보면 돌리기 전의 모양을 찾기 쉽습니다.

13
회전체를 회전축을 포함하는 평면으로 자른 단면은 앞에서 본 모양과 같고, 회전축에 수직인 평면으로 자른 단면은 위에서 본 모양과 같습니다.

14
길이가 20 cm인 끈이 4군데, 길이가 15 cm인 끈이 8군데 있습니다. 필요한 끈의 길이는
20×4+15×8=80+120=200 (cm)입니다.

15
회전축이 되는 변이 회전체의 높이가 됩니다.
㉠을 회전축으로 하여 돌리면 반지름이 3 cm, 높이가 4 cm 인 원뿔이 만들어지고, ㉡을 회전축으로 하여 돌리면 반지름이 4 cm, 높이가 3 cm인 원뿔이 만들어집니다.

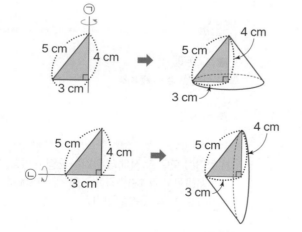

2. 입체도형의 전개도

| 11강 | 전개도 | 58~59쪽 |

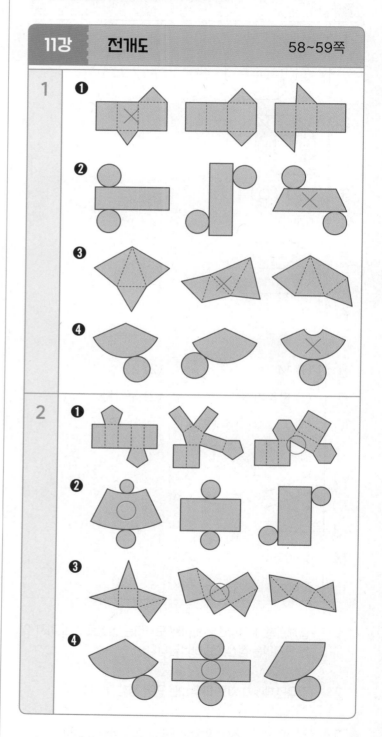

1
❶ 두 밑면은 합동이어야 합니다.

❷ 옆면은 직사각형 모양입니다.

❸ 옆면의 모양이 잘못된 것을 찾습니다.

❹ 원뿔의 옆면은 뾰족한 부분이 있는 펼친 부채 모양입니다.

2 **❶** 밑면의 모양이 다른 전개도를 찾습니다.

❷ 옆면의 모양이 다른 전개도를 찾습니다.

❸ 옆면이 모두 삼각형인 뿔 모양의 전개도와 옆면이 사각형인 기둥 모양의 전개도가 있습니다.

❹ 옆면이 부채꼴인 뿔 모양의 전개도와 옆면이 직사각형인 기둥 모양의 전개도가 있습니다.

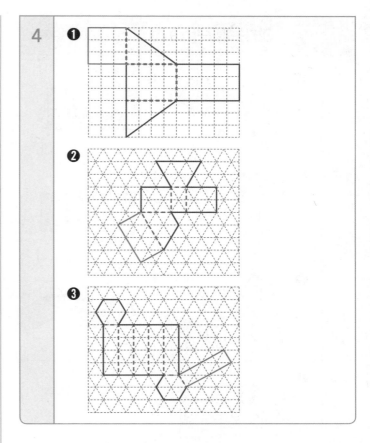

4 **❶** **❷** **❸**

12강	각기둥의 전개도	62~65쪽

1 **❶** / 삼각기둥　　**❷** 예 / 사각기둥

❸ / 오각기둥　　**❹** / 육각기둥

❺ / 삼각기둥　　**❻** 예 / 사각기둥

2

❶ ×	**❷** ○
❸ ○	**❹** ×
❺ ○	**❻** ○

3

❶ 4	**❷** 7, 5
❸ 8, 10	**❹** 5, 5
❺ 8, 10	**❻** 12, 7

1 **❷**

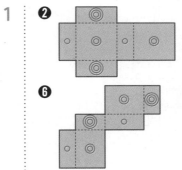

❻

사각기둥은 밑면이 될 수 있는 면이 3쌍 있습니다.

◎, ◎, ○ 중 한 쌍을 찾아 ○표 했으면 모두 정답입니다.

2 **❶** 두 밑면을 같은 쪽에 그려서 접으면 겹치므로 잘못된 전개도입니다.

❹ 맞닿는 모서리의 길이는 같아야 하는데 길이가 다른 모서리가 있습니다.

<table>
<tr><td>13강</td><td>만나는 점, 만나는 선</td><td>66~69쪽</td></tr>
</table>

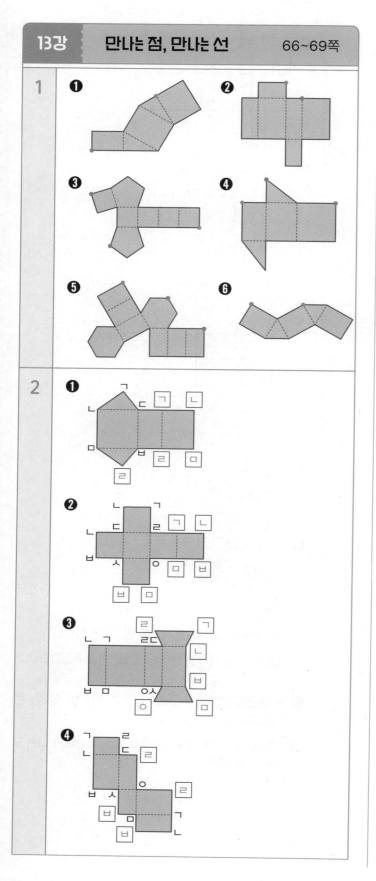

1 ① ② ③ ④ ⑤ ⑥

2 ① ② ③ ④

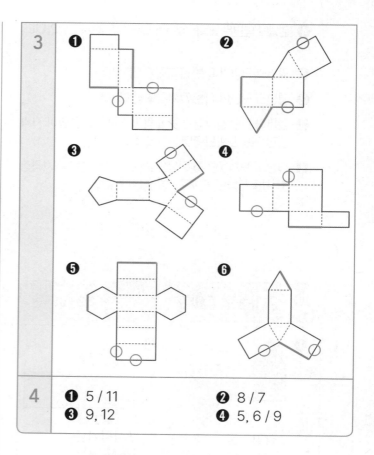

3 ① ② ③ ④ ⑤ ⑥

4
① 5 / 11   ② 8 / 7
③ 9, 12   ④ 5, 6 / 9

1 ③ 맞닿는 선분을 연결해 보면 찾기 쉽습니다.

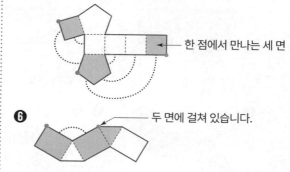

← 한 점에서 만나는 세 면

⑥ ← 두 면에 걸쳐 있습니다.

3 전개도에서 색칠한 선분과 맞닿는 선분을 찾아 표시합니다.

4 ② 높이가 8 cm인 삼각기둥입니다.

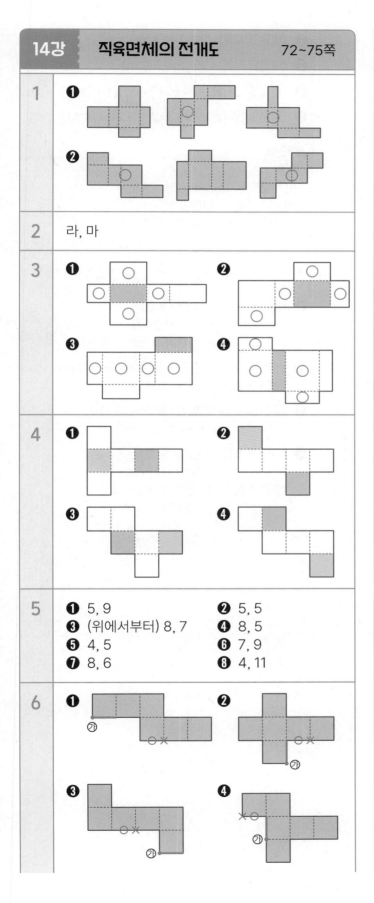

14강 **직육면체의 전개도** 72~75쪽

2 라, 마

5
- ❶ 5, 9
- ❷ 5, 5
- ❸ (위에서부터) 8, 7
- ❹ 8, 5
- ❺ 4, 5
- ❻ 7, 9
- ❼ 8, 6
- ❽ 4, 11

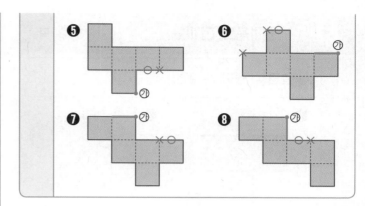

1
- ❶ 직육면체의 전개도는 직사각형 6개로 되어 있고, 맞닿는 모서리의 길이가 같습니다.
- ❷ 모든 면이 정사각형인 정육면체는 직육면체라고 할 수 있습니다.

2 라, 마는 접었을 때 겹치는 면이 생깁니다.

3 직육면체의 전개도를 접었을 때 만나는 면은 모두 수직입니다.

4 직육면체의 전개도를 접었을 때 만나지 않는 면은 서로 평행합니다.

5

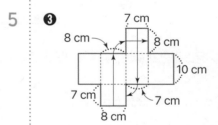

❸

6 점 ㉮에서 만나는 면 3개를 먼저 찾은 후 점 ㉮와 만나는 점을 찾습니다.

❻ 맞닿는 모서리를 표시해 봅니다.

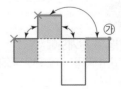

13

정답과 풀이

15강	원기둥의 전개도	78~81쪽

1 ㉠ 밑면 ㉡ 높이 ㉢ 옆면

2

❶ ❷ ❸ ❹

3
❶ 12, 6, 36 ❷ 30, 5, 12
❸ 8, 24, 7 ❹ 42, 7, 20

4
❶ 6, 9 ❷ 10, 10
❸ 4, 7 ❹ 2, 8

5
❶ 39 ❷ 30
❸ 15 ❹ 6
❺ 51 ❻ 7

2 ❶, ❸, ❹ 원기둥의 밑면의 둘레는 옆면의 가로와 같습니다.

3
❶ (옆면의 가로)=12×3=36 (cm)

❷ (옆면의 가로)=10×3=30 (cm)

❸ (옆면의 가로)=8×3=24 (cm)

❹ (옆면의 가로)=14×3=42 (cm)

참고

원기둥의 전개도에서
(옆면의 가로)=(밑면의 둘레)
         =(원의 지름)×(원주율)

4
❶ (밑면의 지름)=18÷3=6 (cm)

❷ (밑면의 지름)=30÷3=10 (cm)

❸ (밑면의 반지름)=24÷3÷2=8÷2=4 (cm)

❹ (밑면의 반지름)=12÷3÷2=4÷2=2 (cm)

참고

원기둥의 전개도에서
(밑면의 지름)=(옆면의 가로)÷(원주율),
(밑면의 반지름)=(밑면의 지름)÷2
         =(옆면의 가로)÷(원주율)÷2

5
❶ (옆면의 가로)=(밑면의 둘레)
         =(지름)×(원주율)
         =13×3=39 (cm)

❷ 반지름이 5 cm이므로 지름은 10 cm입니다.
(옆면의 둘레)=10×3=30 (cm)

❸ (밑면의 지름)=(밑면의 둘레)÷(원주율)
         =45÷3=15 (cm)

❹ (밑면의 지름)=(밑면의 둘레)÷(원주율)
         =36÷3=12 (cm)
(밑면의 반지름)=(밑면의 지름)÷2
         =12÷2=6 (cm)

각뿔, 원뿔의 전개도   84~87쪽

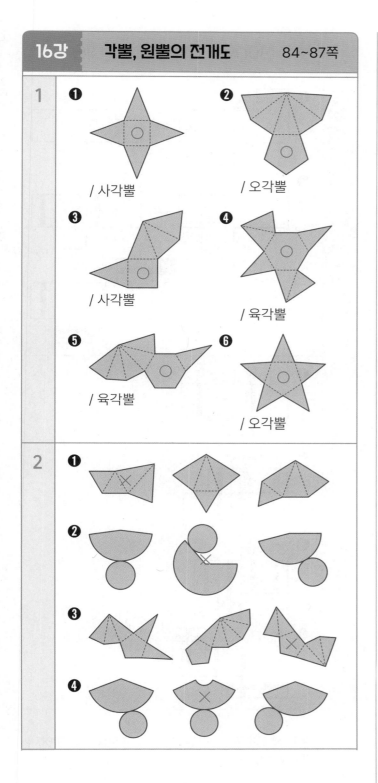

1
❶ / 사각뿔
❷ / 오각뿔
❸ / 사각뿔
❹ / 육각뿔
❺ / 육각뿔
❻ / 오각뿔

2
❶
❷
❸
❹

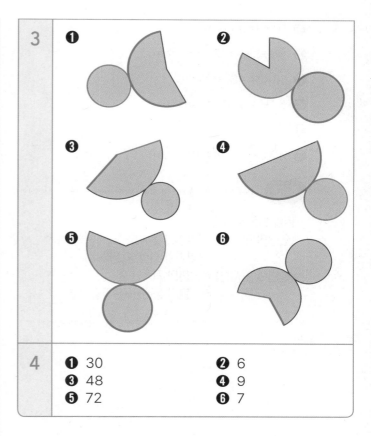

3
❶ ❷ ❸ ❹ ❺ ❻

4
❶ 30	❷ 6
❸ 48	❹ 9
❺ 72	❻ 7

1 각뿔의 옆면은 모두 삼각형이고 각뿔의 이름은 밑면의 모양에 따라 정해집니다.

  ❶, ❸ 밑면이 사각형이므로 사각뿔입니다.

  ❷, ❻ 밑면이 오각형이므로 오각뿔입니다.

  ❹, ❺ 밑면이 육각형이므로 육각뿔입니다.

2 ❶ 삼각뿔의 전개도입니다. 밑면 1개와 옆면 3개로 되어 있지 않은 그림을 찾습니다. 접었을 때 맞닿는 모서리의 길이를 비교해 봅니다.

  ❷ 밑면이 옆면의 굽은 선 부분에 있지 않은 그림을 찾습니다.

  ❸ 접었을 때 겹치는 면이 있는 그림을 찾습니다.

  ❹ 원뿔의 옆면은 뾰족한 부분이 있는 부채 모양입니다.

3 ❶, ❹ 밑면의 둘레는 옆면의 굽은 선의 길이와 같습니다.

  ❷, ❺ 옆면의 굽은 선의 길이는 밑면의 둘레와 같습니다.

  ❸, ❻ 옆면의 직선 부분은 모선이고, 맞닿는 두 모선의 길이는 같습니다.

4 ❶ $10 \times 3 = 30$ (cm)

❷ $36 \div 3 \div 2 = 12 \div 2 = 6$ (cm)

❸ $16 \times 3 = 48$ (cm)

❹ $54 \div 3 \div 2 = 18 \div 2 = 9$ (cm)

❺ $24 \times 3 = 72$ (cm)

❻ $42 \div 3 \div 2 = 14 \div 2 = 7$ (cm)

참고

원뿔의 전개도에서
(옆면의 굽은 선)=(밑면의 둘레)
　　　　　　=(밑면의 지름)×(원주율)
(밑면의 반지름)=(밑면의 지름)÷2
　　　　　　=(밑면의 둘레)÷(원주율)÷2

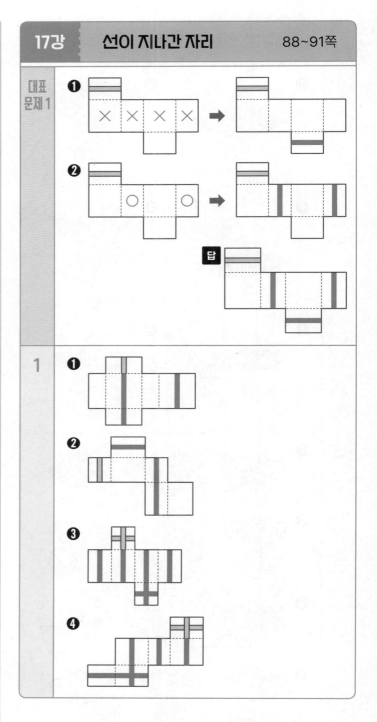

17강　선이 지나간 자리　88~91쪽

1 먼저 색 테이프가 그려진 면과 평행한 면을 찾고, 이어지는 면을 찾습니다.

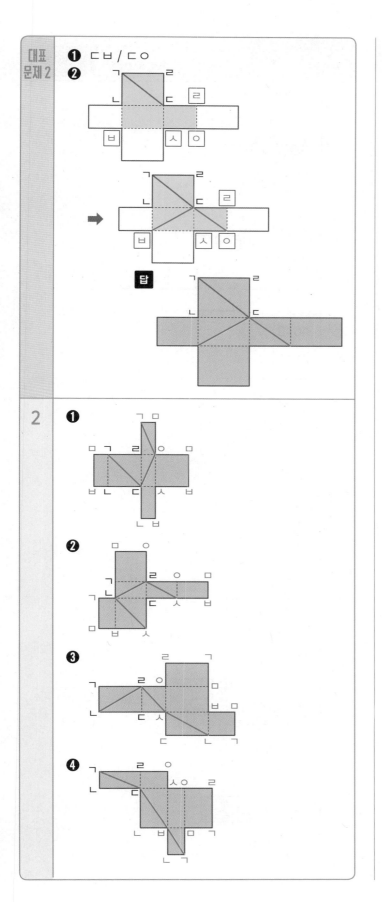

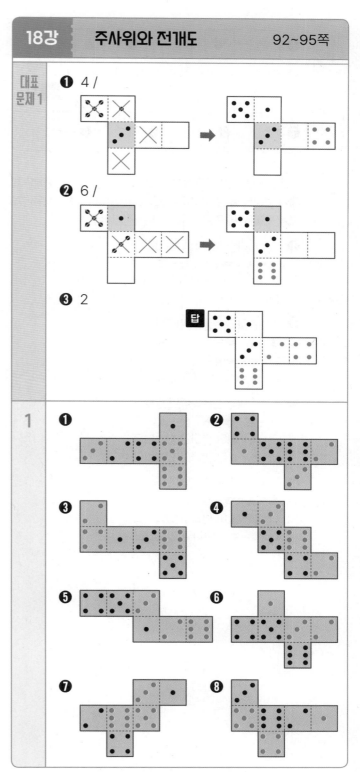

1   마주 보는 면은 서로 평행하고 평행한 면은 만나지 않으므로 만나지 않는 면을 찾아봅니다.

정답과 풀이

대표 문제 2

❶ ✚━♥ ★━● ▲━■

❷ 아닙니다, 아닙니다, 맞습니다

답 다

2 ❶ 나   ❷ 가   ❸ 다   ❹ 가

2 전개도에서 서로 마주 보는 면에 있는 모양은 접은 직육면체에서 보이는 세 면에 함께 있을 수 없습니다. 접은 정육면체에서 보이는 세 면은 서로 만나는 면입니다.

❶ 〈서로 마주 보는 면의 모양〉

   ▲━★   ◆━♥   ●━■

   가: ▲━★이 만나고 있습니다.
   다: ◆━♥이 만나고 있습니다.

❷ 〈서로 마주 보는 면의 모양〉

   ▲━●   ♥━■   ★━◆

   나: ◆━★이 만나고 있습니다.
   다: ■━♥이 만나고 있습니다.

❸ 〈서로 마주 보는 면의 모양〉

   ★━■   ◆━●   ♥━▲

   가: ★━■이 만나고 있습니다.
   나: ♥━▲이 만나고 있습니다.

❹ 〈서로 마주 보는 면의 모양〉

   ●━▲   ♥━■   ★━◆

   나: ●━▲이 만나고 있습니다.
   다: ■━♥이 만나고 있습니다.

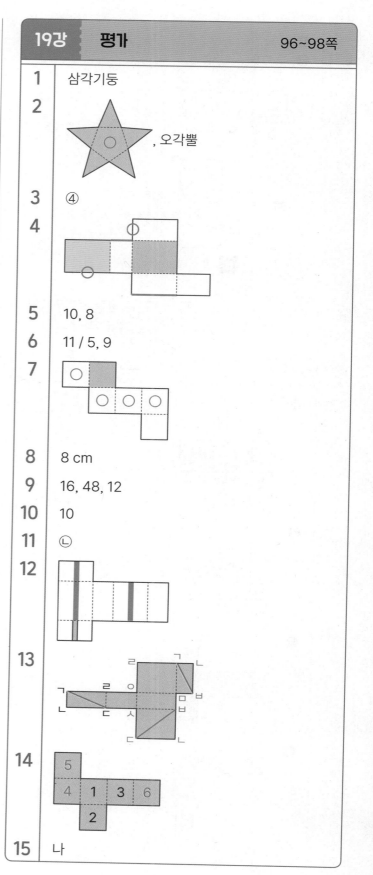

1   삼각기둥

2   , 오각뿔

3   ④

4

5   10, 8

6   11 / 5, 9

7

8   8 cm

9   16, 48, 12

10   10

11   ㉡

12

13

14

15   나

1 밑면이 삼각형이고 옆면이 직사각형인 삼각기둥입니다.

2 각뿔의 이름은 밑면의 모양에 따라 정해지고, 옆면은 모두 삼각형입니다. 밑면이 오각형이므로 오각뿔입니다.

3 ① 각뿔은 밑면이 1개입니다.
② 자른 모서리는 실선으로 나타냅니다.
③ 접은 모서리는 점선으로 나타냅니다.
⑤ 옆면의 수는 밑면의 변의 수와 같습니다.

4 각기둥에서 평행한 면은 만나지 않는 면입니다.

5 전개도에서 맞닿는 모서리의 길이는 같습니다.

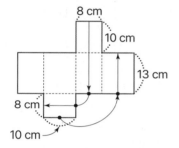

6 밑면이 삼각형인 삼각기둥입니다. 높이는 11 cm이고, 밑면인 삼각형의 세 변의 길이는 각각 5 cm, 6 cm, 9 cm입니다.

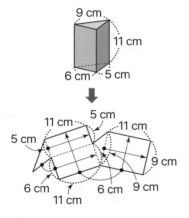

7 정육면체의 전개도에서 만나는 면은 모두 수직입니다.

8 각뿔의 옆면에서 곧은 선 부분은 모선을 나타냅니다.

9 원기둥의 전개도에서 옆면의 가로의 길이는 밑면의 원주와 같습니다.
(옆면의 가로)=(밑면의 원주)
　　　　　　=(원의 지름)×(원주율)
　　　　　　=8×2×3=48 (cm)

10 원뿔의 전개도에서 옆면인 부채꼴의 굽은 선은 밑면인 원의 둘레(원주)와 같습니다.
(옆면의 굽은 선의 길이)=(밑면의 둘레)
　　　　　　　　　　　=(밑면의 지름)×(원주율)
➡ (밑면의 지름)=(굽은 선의 길이)÷(원주율)
　　　　　　　　=60÷3=20 (cm)
➡ (밑면의 반지름)=20÷2=10 (cm)

11 밑면의 지름이 10 cm, 높이가 15 cm인 원기둥의 전개도입니다. 원기둥의 옆면은 직사각형 모양이고 옆면의 가로는 밑면의 둘레와 같으므로
10×3=30 (cm)입니다.

12 먼저 색 테이프가 그려진 면과 평행한 면에 색 테이프를 그리고, 나머지 면에 이어질 수 있도록 그립니다.

13 꼭짓점이 주어진 면을 기준으로 만나는 점에 기호를 씁니다. 전개도에 꼭짓점을 표시한 후 선분 ㄱㄷ, 선분 ㄷㅂ, 선분 ㄱㅂ을 찾아 그려 넣습니다.

14 마주 보는 면을 먼저 찾아 표시하고 두 면의 수의 합이 7이 되도록 씁니다.

15 전개도에서 마주 보는 면(평행한 면)에 있는 두 모양이 만나는 세 면에서 함께 보이면 안 됩니다.
〈서로 마주 보는 면의 모양〉
●-◆　★-■　▲-♥
가: ▲-♥이 만나고 있습니다.
다: ★-■이 만나고 있습니다.

3. 입체도형의 겉넓이

20강	기둥 모양의 겉넓이	102~103쪽
1	❶ 25 cm², 140 cm² / 190 cm² ❷ 12 cm², 36 cm² / 60 cm² ❸ 6 cm², 36 cm² / 48 cm²	
2	❶ 54 cm², 94 cm² ❷ 108 cm², 126 cm² ❸ 216 cm², 264 cm² ❹ 120 cm², 180 cm² ❺ 72 cm², 126 cm² ❻ 210 cm², 360 cm²	

1 ❶ · (한 밑면의 넓이)=(사각형의 넓이)
$$=(가로)\times(세로)$$
$$=5\times5=25 \ (cm^2)$$
· (옆면의 넓이)=(직사각형의 넓이)
$$=(가로)\times(세로)$$
$$=20\times7=140 \ (cm^2)$$
➡ (겉넓이)=$25\times2+140=50+140=190 \ (cm^2)$

❷ · (한 밑면의 넓이)=(원의 넓이)
$$=(반지름)\times(반지름)\times(원주율)$$
$$=2\times2\times3=12 \ (cm^2)$$
· (옆면의 넓이)=(직사각형의 넓이)
$$=(가로)\times(세로)$$
$$=12\times3=36 \ (cm^2)$$
➡ (겉넓이)=$12\times2+36=24+36=60 \ (cm^2)$

❸ · (한 밑면의 넓이)=(삼각형의 넓이)
$$=(밑변)\times(높이)\div2$$
$$=4\times3\div2=6 \ (cm^2)$$
· (옆면의 넓이)=(직사각형의 넓이)
$$=(가로)\times(세로)$$
$$=(3+4+5)\times3=36 \ (cm^2)$$
➡ (겉넓이)=$6\times2+36=12+36=48 \ (cm^2)$

2 ❶ 넓이가 20 cm²인 직사각형의 한 변의 길이가 4 cm 이므로 나머지 한 변의 길이는 20÷4=5 (cm)입니다. 옆면의 가로는 5+4+5+4=18 (cm), 세로는 3 cm 이므로 옆면의 넓이는 18×3=54 (cm²)입니다.
➡ (겉넓이)=$20\times2+54=94 \ (cm^2)$

❷ 넓이가 9 cm²인 직사각형의 한 변의 길이가 3 cm이 므로 나머지 한 변의 길이는 9÷3=3 (cm)입니다. 옆 면의 가로는 3+3+3+3=12 (cm), 세로는 9 cm이므 로 옆면의 넓이는 12×9=108 (cm²)입니다.
➡ (겉넓이)=$9\times2+108=126 \ (cm^2)$

❸ 옆면이 한 줄로 이어지도록 전개도를 그리면 옆면인 직 사각형의 가로가 8+6+10=24 (cm)이고, 세로가 9 cm이므로 넓이는 24×9=216 (cm²)입니다.
➡ (겉넓이)=$24\times2+216=264 \ (cm^2)$

❹ 옆면이 한 줄로 이어지도록 전개도를 그리면 옆면인 직 사각형의 가로가 5+12+13=30 (cm)이고, 세로가 4 cm이므로 넓이는 30×4=120 (cm²)입니다.
➡ (겉넓이)=$30\times2+120=180 \ (cm^2)$

❺ (옆면의 넓이)=(직사각형의 넓이)
$$=(가로)\times(세로)$$
$$=(밑면의 원주)\times(높이)$$
$$=18\times4=72 \ (cm^2)$$
➡ (겉넓이)=$27\times2+72=126 \ (cm^2)$

❻ (옆면의 넓이)=(직사각형의 넓이)
$$=(가로)\times(세로)$$
$$=(밑면의 원주)\times(높이)$$
$$=30\times7=210 \ (cm^2)$$
➡ (겉넓이)=$75\times2+210=360 \ (cm^2)$

1	❶ 64 cm²	❷ 52 cm²
	❸ 126 cm²	❹ 154 cm²
	❺ 122 cm²	❻ 382 cm²
	❼ 792 cm²	❽ 30 cm²
2	❶ 24 cm²	❷ 96 cm²
	❸ 294 cm²	❹ 486 cm²
	❺ 54 cm²	❻ 216 cm²
	❼ 150 cm²	❽ 384 cm²
3	❶ 108 cm²	❷ 314 cm²
	❸ 372 cm²	❹ 278 cm²
	❺ 268 cm²	❻ 242 cm²
4	❶ 174 cm²	❷ 32 cm²
	❸ 450 cm²	❹ 94 cm²
5	❶ 1734 cm²	❷ 726 cm²
	❸ 1350 cm²	❹ 2400 cm²

1 한 점에서 만나는 세 면의 넓이의 합의 2배로 구할 수 있습니다.

❶ $(2×4+2×4+4×4)×2$
$=(8+8+16)×2=64$ (cm²)

❷ $(4×2+4×3+2×3)×2$
$=(8+12+6)×2=52$ (cm²)

❸ $(5×3+5×6+3×6)×2$
$=(15+30+18)×2=126$ (cm²)

❹ $(7×7+7×2+7×2)×2$
$=(49+14+14)×2=154$ (cm²)

❺ $(3×7+3×4+7×4)×2$
$=(21+12+28)×2=122$ (cm²)

❻ $(8×9+8×7+9×7)×2$
$=(72+56+63)×2=382$ (cm²)

❼ $(12×8+12×15+8×15)×2$
$=(96+180+120)×2=792$ (cm²)

❽ $(1×3+1×3+3×3)×2$
$=(3+3+9)×2=30$ (cm²)

2 한 면의 넓이의 6배로 구할 수 있습니다.

❶ $4×6=24$ (cm²)

❷ $16×6=96$ (cm²)

❸ $49×6=294$ (cm²)

❹ $81×6=486$ (cm²)

❺ $3×3×6=54$ (cm²)

❻ $6×6×6=216$ (cm²)

❼ $5×5×6=150$ (cm²)

❽ $8×8×6=384$ (cm²)

3 밑면과 옆면으로 나누어 구할 수 있습니다.

❶ $4×3×2+(3+4+3+4)×6=24+84=108$ (cm²)

❷ $8×5×2+(8+5+8+5)×9=80+234=314$ (cm²)

❸ $10×3×2+(10+3+10+3)×12$
$=60+312=372$ (cm²)

❹ $11×9×2+(9+11+9+11)×2$
$=198+80=278$ (cm²)

❺ $8×3×2+(3+8+3+8)×10$
$=48+220=268$ (cm²)

❻ $7×3×2+(7+3+7+3)×10$
$=42+200=242$ (cm²)

4 둘레와 높이로 옆면의 넓이를 구할 수 있습니다.

❶ $45×2+28×3=90+84=174$ (cm²)

❷ $6×2+10×2=12+20=32$ (cm²)

❸ $72×2+34×9=144+306=450$ (cm²)

❹ $12×2+14×5=24+70=94$ (cm²)

5 정육면체는 모든 모서리의 길이가 같으므로 각 면은 정사각형입니다.

❶ (한 모서리의 길이)=$68÷4=17$ (cm)
➡ (겉넓이)=$17×17×6=1734$ (cm²)

❷ (한 모서리의 길이)=$44÷4=11$ (cm)
➡ (겉넓이)=$11×11×6=726$ (cm²)

❸ (한 모서리의 길이)=$60÷4=15$ (cm)
➡ (겉넓이)=$15×15×6=1350$ (cm²)

❹ (한 모서리의 길이)=$80÷4=20$ (cm)
➡ (겉넓이)=$20×20×6=2400$ (cm²)

22강	원기둥의 겉넓이	111~113쪽

1
❶ 10, 30 / 300 cm²
❷ 14, 42 / 378 cm²
❸ 12, 36 / 540 cm²

2
❶ 90 cm²　　　　❷ 240 cm²
❸ 756 cm²　　　❹ 396 cm²
❺ 312 cm²　　　❻ 360 cm²

3
❶ 108 cm²　　　❷ 144 cm²
❸ 198 cm²　　　❹ 240 cm²
❺ 252 cm²　　　❻ 450 cm²

1 원기둥의 옆면은 직사각형 모양이므로 옆면의 넓이는 가로와 세로의 곱으로 구할 수 있습니다. 옆면의 가로는 밑면의 원주와 같으므로 (밑면의 지름)×(원주율)로 구할 수 있습니다.

❶ (옆면의 넓이)=10×3×10=300 (cm²)

❷ (옆면의 넓이)=14×3×9=378 (cm²)

❸ (옆면의 넓이)=12×3×15=540 (cm²)

2 ❶ (한 밑면의 넓이)=3×3×3=27 (cm²)
(옆면의 넓이)=6×3×2=36 (cm²)
➡ (겉넓이)=27×2+36=90 (cm²)

❷ (한 밑면의 넓이)=4×4×3=48 (cm²)
(옆면의 넓이)=8×3×6=144 (cm²)
➡ (겉넓이)=48×2+144=240 (cm²)

❸ (한 밑면의 넓이)=7×7×3=147 (cm²)
(옆면의 넓이)=14×3×11=462 (cm²)
➡ (겉넓이)=147×2+462=756 (cm²)

❹ (한 밑면의 넓이)=6×6×3=108 (cm²)
(옆면의 넓이)=12×3×5=180 (cm²)
➡ (겉넓이)=108×2+180=396 (cm²)

❺ 옆면의 가로가 24 cm이므로 밑면의 지름은
24÷3=8 (cm)입니다.
(한 밑면의 넓이)=4×4×3=48 (cm²)
(옆면의 넓이)=24×9=216 (cm²)
➡ (겉넓이)=48×2+216=312 (cm²)

❻ 한 밑면의 넓이가 108 cm²이므로 밑면의 반지름은
108÷3=36에서 6 cm입니다.

(옆면의 넓이)=12×3×4=144 (cm²)
➡ (겉넓이)=108×2+144=360 (cm²)

3 ❶ (한 밑면의 넓이)=2×2×3=12 (cm²)
(옆면의 넓이)=4×3×7=84 (cm²)
➡ (겉넓이)=12×2+84=108 (cm²)

❷ (한 밑면의 넓이)=4×4×3=48 (cm²)
(옆면의 넓이)=8×3×2=48 (cm²)
➡ (겉넓이)=48×2+48=144 (cm²)

❸ (한 밑면의 넓이)=3×3×3=27 (cm²)
(옆면의 넓이)=6×3×8=144 (cm²)
➡ (겉넓이)=27×2+144=198 (cm²)

❹ (한 밑면의 넓이)=5×5×3=75 (cm²)
(옆면의 넓이)=10×3×3=90 (cm²)
➡ (겉넓이)=75×2+90=240 (cm²)

❺ 밑면의 원주가 18 cm이므로 밑면의 지름은
18÷3=6 (cm)입니다.
(한 밑면의 넓이)=3×3×3=27 (cm²)
(옆면의 넓이)=18×11=198 (cm²)
➡ (겉넓이)=27×2+198=252 (cm²)

❻ 한 밑면의 넓이가 75 cm²이므로 밑면의 반지름을 □ cm라 하면
□×□×3=75, □×□=25, □=5입니다.
(옆면의 넓이)=10×3×10=300 (cm²)
➡ (겉넓이)=75×2+300=450 (cm²)

겉넓이를 알 때 길이 구하기 114~117쪽

대표 문제 1	❷ 32, 24, 32, 24, 24, 5 탑 5
1	❶ 7 　　　　　❷ 2 ❸ 15 　　　　❹ 7 ❺ 8 　　　　　❻ 6

1 길이가 주어진 면을 밑면으로 하고 밑면과 옆면의 넓이의 합으로 나타내 봅니다.

❶ 20×2+(4+5+4+5)×□=166,
40+18×□=166, 18×□=126
➡ □=126÷18=7

❷ 45×2+(5+9+5+9)×□=146,
90+28×□=146, 28×□=56
➡ □=56÷28=2

❸ 36×2+(6+6+6+6)×□=432,
72+24×□=432, 24×□=360
➡ □=360÷24=15

❹ 55×2+(5+11+5+11)×□=334,
110+32×□=334, 32×□=224
➡ □=224÷32=7

❺ 70×2+(7+10+7+10)×□=412,
140+34×□=412, 34×□=272
➡ □=272÷34=8

❻ 30×2+(3+10+3+10)×□=216,
60+26×□=216, 26×□=156
➡ □=156÷26=6

다른풀이

한 꼭짓점에서 만나는 세 면의 넓이의 합이 겉넓이의 $\frac{1}{2}$과 같은 것을 이용할 수도 있습니다.

2	❶ 6 　　　　　❷ 7 ❸ 8 　　　　　❹ 11 ❺ 9 　　　　　❻ 5

2 정육면체의 겉넓이는 합동인 정사각형 6개의 넓이의 합과 같으므로 겉넓이를 6으로 나눠 정사각형 1개의 넓이를 구한 후 모서리의 길이를 구할 수 있습니다.

❶ □×□=216÷6, □×□=36 ➡ □=6

❷ □×□=294÷6, □×□=49 ➡ □=7

❸ □×□=384÷6, □×□=64 ➡ □=8

❹ □×□=726÷6, □×□=121 ➡ □=11

❺ □×□=486÷6, □×□=81 ➡ □=9

❻ □×□=150÷6, □×□=25 ➡ □=5

3	❶ 5 　　　　　❷ 12 ❸ 14 　　　　❹ 15 ❺ 5 　　　　　❻ 10

3 ❶ (한 밑면의 넓이)=2×2×3=12 (cm²)
(겉넓이)=12×2+(옆면의 넓이)=84,
(옆면의 넓이)=60
➡ 4×3×□=60, □=60÷12=5

❷ (한 밑면의 넓이)=4×4×3=48 (cm²)
(겉넓이)=48×2+(옆면의 넓이)=384,
(옆면의 넓이)=288
➡ 8×3×□=288, □=288÷24=12

❸ (한 밑면의 넓이)=3×3×3=27 (cm²)
(겉넓이)=27×2+(옆면의 넓이)=306,
(옆면의 넓이)=252
➡ 6×3×□=252, □=252÷18=14

❹ (한 밑면의 넓이)=5×5×3=75 (cm²)
(겉넓이)=75×2+(옆면의 넓이)=600,
(옆면의 넓이)=450
➡ 10×3×□=450, □=450÷30=15

❺ (한 밑면의 넓이)=6×6×3=108 (cm²)
(겉넓이)=108×2+(옆면의 넓이)=396,
(옆면의 넓이)=180
➡ 12×3×□=180, □=180÷36=5

❻ (한 밑면의 넓이)=4×4×3=48 (cm²)
(겉넓이)=48×2+(옆면의 넓이)=336,
(옆면의 넓이)=240
➡ 8×3×□=240, □=240÷24=10

정답과 풀이

대표문제1	❶ 7, 42, 42, 840 ❷ 840, 2, 1680
	답 1680 cm²
1	❶ 378 cm² ❷ 360 cm² ❸ 1800 cm² ❹ 576 cm² ❺ 2520 cm² ❻ 3600 cm²

1 ❶ 7×3×9=189 (cm²)
➡ 2바퀴 굴리면 칠한 부분의 넓이는
189×2=378 (cm²)입니다.

❸ 10×3×20=600 (cm²)
➡ 3바퀴 굴리면 칠한 부분의 넓이는
600×3=1800 (cm²)입니다.

❺ 14×3×15=630 (cm²)
➡ 4바퀴 굴리면 칠한 부분의 넓이는
630×4=2520 (cm²)입니다.

대표문제2	❶ 3, 18, 18, 180 ❷ 180, 3
	답 3바퀴
2	❶ 2바퀴 ❷ 3바퀴 ❸ 4바퀴 ❹ 1바퀴 ❺ 3바퀴 ❻ 2바퀴

2 칠한 넓이를 옆면의 넓이로 나누면 롤러를 굴린 바퀴 수를
구할 수 있습니다.
❷ (옆면의 넓이)=4×3×8=96 (cm²)
➡ (굴린 바퀴 수)=288÷96=3(바퀴)

❹ (옆면의 넓이)=8×3×12=288 (cm²)
➡ (굴린 바퀴 수)=288÷288=1(바퀴)

❻ (옆면의 넓이)=14×3×20=840 (cm²)
➡ (굴린 바퀴 수)=1680÷840=2(바퀴)

1	234 cm²
2	324 cm²
3	224 cm²
4	54 cm²
5	30 / 408 cm²
6	12, 36 / 360 cm²
7	960 cm²
8	1368 cm²
9	15
10	12 cm
11	1200 cm²
12	22 cm
13	4320 cm²
14	2바퀴
15	3 cm

1 (옆면의 넓이)=18×10=180 (cm²)
➡ (겉넓이)=27×2+180=234 (cm²)

2 한 밑면의 둘레가 9+4+6+5=24 (cm)이므로
(옆면의 넓이)=24×11=264 (cm²)
➡ (겉넓이)=30×2+264=324 (cm²)

3 한 꼭짓점에서 만나는 세 면의 넓이의 합을 구한 뒤 그 값을
2배 합니다.
(직육면체의 겉넓이)
=(64+24+24)×2=224 (cm²)

4 (한 모서리의 길이)=12÷4=3 (cm)
➡ (정육면체의 겉넓이)=3×3×6=54 (cm²)

5 두 변의 길이가 9 cm, 6 cm인 면을 밑면으로 전개도를 그
렸습니다.
옆면의 가로는 9+6+9+6=30 (cm), 세로는 10 cm입니다.
➡ (겉넓이)=54×2+30×10=408 (cm²)

6 밑면의 지름이 12 cm이므로 옆면의 가로는
12×3=36 (cm)입니다.
➡ (옆면의 넓이)=36×10=360 (cm²)

7 밑면의 지름이 20 cm이므로 옆면의 가로는
20×3=60 (cm)입니다.
➡ (겉넓이)=10×10×3×2+60×6
=600+360=960 (cm²)

8 밑면의 반지름이 12 cm, 높이가 7 cm인 원기둥이므로
(한 밑면의 넓이)=12×12×3=432 (cm²)
(옆면의 넓이)=24×3×7=504 (cm)
➡ (겉넓이)=432×2+504=1368 (cm²)

9 두 변의 길이가 주어진 면을 밑면으로 하면
(옆면의 넓이)=(5+4+5+4)×□=18×□
겉넓이가 310 cm²이므로
20×2+18×□=310, 18×□=270, □=15입니다.

10 정육면체는 모든 모서리의 길이가 같으므로 각 면의 넓이도
같습니다.
(한 면의 넓이)=864÷6=144
➡ □×□=144, □=12

11 밑면의 원주가 60 cm이므로
(옆면의 넓이)=60×10=600 (cm²)
(밑면의 지름)=(원주)÷3=60÷3=20 (cm)
(한 밑면의 넓이)=10×10×3=300 (cm²)
➡ (겉넓이)=300×2+600=1200 (cm²)

12 밑면의 지름이 12 cm이므로
옆면의 가로는 12×3=36 (cm)입니다.
(한 밑면의 넓이)=6×6×3=108 (cm²)
➡ (겉넓이)=108×2+36×□=1008,
36×□=792, □=22

13 (옆면의 넓이)=16×3×30=1440 (cm²)
➡ (3바퀴 굴려 칠한 부분의 넓이)
=1440×3=4320 (cm²)

14 (옆면의 넓이)=14×3×25=1050 (cm²)
➡ (굴린 바퀴 수)=2100÷1050=2(바퀴)

15 (옆면의 넓이)=□×2×3×20=□×120
➡ □×120=360, □=3

4. 입체도형의 부피

26강	부피		128~129쪽

1	❶ 7, 7	
	❷ 7 cm³	❸ 9 cm³
	❹ 10 cm³	❺ 9 cm³
	❻ 13 cm³	❼ 21 cm³

2	❶ 3000000	❷ 2
	❸ 5000000	❹ 6
	❺ 13000000	❻ 12
	❼ 21000000	❽ 30
	❾ 34000000	❿ 16
	⓫ 1500000	⓬ 0.4
	⓭ 700000	⓮ 0.8
	⓯ 2300000	⓰ 0.6

1 정육면체 한 개의 부피가 1 cm³이므로 정육면체가 몇 개인
지 세면 부피를 나타낼 수 있습니다.

2 1 m³=1000000 cm³임을 이용하여 나타냅니다.

⓫ 15 m³=15000000 cm³
➡ 1.5 m³=1500000 cm³

⓬ 4000000 cm³=4 m³
➡ 400000 cm³=0.4 m³

 주의

단위를 바꾸는 수가 소수일 때 조심하세요. 자연수의 맨
끝에 소수점이 생략되어 있음을 꼭 기억해 주세요.

정답과 풀이

27강	직육면체의 부피	132~135쪽

1
❶ 24　❷ 150
❸ 36　❹ 96
❺ 175　❻ 120
❼ 60　❽ 32

2
❶ 54　❷ 40
❸ 80　❹ 24
❺ 87.5　❻ 5.4
❼ 31.5　❽ 7.2

3
❶ 8
❷ 9　❸ 4
❹ 6　❺ 7
❻ 13　❼ 4

4
❶ 64　❷ 125
❸ 27　❹ 8

5
❶ 6　❷ 7
❸ 9　❹ 8

1 직육면체의 부피는 가로, 세로, 높이의 곱으로 구합니다.

❶ $2×2×6=24$ (cm³)

❷ $6×5×5=150$ (m³)

❸ $4×3×3=36$ (cm³)

❹ $3×4×8=96$ (m³)

❺ $5×7×5=175$ (cm³)

❻ $4×5×6=120$ (m³)

❼ $3×4×5=60$ (cm³)

❽ $8×2×2=32$ (m³)

2 100 cm=1 m를 이용하여 길이의 단위를 모두 m로 바꾼 다음 계산합니다.

❶ $6×3×3=54$ (m³)

❷ $5×4×2=40$ (m³)

❸ $4×4×5=80$ (m³)

❹ $2×2×6=24$ (m³)

❺ $5×7×2.5=87.5$ (m³)

❻ $3×2×0.9=5.4$ (m³)

❼ $3×3×3.5=31.5$ (m³)

❽ $0.8×3×3=7.2$ (m³)

3 직육면체의 세 모서리 중에서 두 모서리의 길이가 주어진 면을 밑면으로 하면 나머지 한 모서리는 높이가 됩니다.
(직육면체의 높이)=(부피)÷(한 밑면의 넓이)

❶ $128÷(2×8)=128÷16=8$ (cm)

❷ $108÷(4×3)=108÷12=9$ (cm)

❸ $96÷(8×3)=96÷24=4$ (m)

❹ $162÷(3×9)=162÷27=6$ (cm)

❺ $105÷(5×3)=105÷15=7$ (m)

❻ $130÷(5×2)=130÷10=13$ (cm)

❼ $120÷(5×6)=120÷30=4$ (m)

4 정육면체는 모든 모서리의 길이가 같으므로 한 모서리의 길이를 세 번 곱하면 부피가 됩니다.

❶ $4×4×4=64$ (cm³)

❷ $5×5×5=125$ (m³)

❸ $3×3×3=27$ (cm³)

❹ $2×2×2=8$ (m³)

5 정육면체의 부피는 같은 수를 세 번 곱했을 때 나오는 수입니다.

❶ $6×6×6=216$ (cm³) ➡ 모서리의 길이: 6 cm

❷ $7×7×7=343$ (m³) ➡ 모서리의 길이: 7 m

❸ $9×9×9=729$ (cm³)
➡ 모서리의 길이: 9 cm

❹ $8×8×8=512$ (m³) ➡ 모서리의 길이: 8 m

원기둥의 부피   137~139쪽

1	❶ 785 cm³	❷ 1230.88 cm³
	❸ 602.88 cm³	❹ 678.24 cm³
	❺ 549.5 cm³	❻ 5306.6 cm³
2	❶ 10	
	❷ 5	❸ 3
	❹ 12	❺ 15
3	❶ 7	
	❷ 6	❸ 4
	❹ 5	❺ 3

1 원기둥의 부피는 한 밑면의 넓이와 높이의 곱으로 구할 수 있습니다.

❶ (한 밑면의 넓이)=5×5×3.14=78.5 (cm²)
➡ (부피)=78.5×10=785 (cm³)

❷ (한 밑면의 넓이)=7×7×3.14=153.86 (cm²)
➡ (부피)=153.86×8=1230.88 (cm³)

❸ (한 밑면의 넓이)=4×4×3.14=50.24 (cm²)
➡ (부피)=50.24×12=602.88 (cm³)

❹ (한 밑면의 넓이)=6×6×3.14=113.04 (cm²)
➡ (부피)=113.04×6=678.24 (cm³)

❺ 밑면의 원주가 31.4 cm이므로
밑면의 지름은 31.4÷3.14=10 (cm)입니다.
(한 밑면의 넓이)=5×5×3.14=78.5 (cm²)
➡ (부피)=78.5×7=549.5 (cm³)

❻ 밑면의 원주가 81.64 cm이므로
밑면의 지름은 81.64÷3.14=26 (cm)입니다.
(한 밑면의 넓이)=13×13×3.14=530.66 (cm²)
➡ (부피)=530.66×10=5306.6 (cm³)

2 ❶ (한 밑면의 넓이)=3×3×3.14=28.26 (cm²)
➡ (높이)=282.6÷28.26=10 (cm)

❷ (한 밑면의 넓이)=11×11×3.14
                  =379.94 (cm²)
➡ (높이)=1899.7÷379.94=5 (cm)

❸ (한 밑면의 넓이)=4×4×3.14=50.24 (cm²)
➡ (높이)=150.72÷50.24=3 (cm)

❹ (한 밑면의 넓이)=5×5×3.14=78.5 (cm²)
➡ (높이)=942÷78.5=12 (cm)

❺ (한 밑면의 넓이)=9×9×3.14=254.34 (cm²)
➡ (높이)=3815.1÷254.34=15 (cm)

3 (부피)÷(높이)=(한 밑면의 넓이),
(한 밑면의 넓이)=(반지름)×(반지름)×(원주율)
➡ (한 밑면의 넓이)÷(원주율)=(반지름)×(반지름)

❶ 615.44÷4=153.86,
153.86÷3.14=49, 7×7=49 ➡ (반지름)=7

❷ 1017.36÷9=113.04,
113.04÷3.14=36, 6×6=36 ➡ (반지름)=6

❸ 653.12÷13=50.24,
50.24÷3.14=16, 4×4=16 ➡ (반지름)=4

❹ 942÷12=78.5,
78.5÷3.14=25, 5×5=25 ➡ (반지름)=5

❺ 706.5÷25=28.26,
28.26÷3.14=9, 3×3=9 ➡ (반지름)=3

정답과 풀이

29강	기둥 모양의 부피	141~143쪽

1
- ❶ 75 cm³
- ❷ 175 cm³
- ❸ 240 cm³
- ❹ 942 cm³
- ❺ 325 cm³
- ❻ 1695.6 cm³

2
- ❶ 24 cm² / 288 cm³
- ❷ 54 cm² / 1080 cm³
- ❸ 30 cm² / 210 cm³
- ❹ 72 cm² / 432 cm³
- ❺ 153.86 cm² / 1384.74 cm³
- ❻ 200.96 cm² / 4019.2 cm³

3
- ❶ 12
- ❷ 13
- ❸ 12
- ❹ 4
- ❺ 78.5
- ❻ 10

1 기둥 모양의 부피는 한 밑면의 넓이와 높이의 곱으로 구할 수 있습니다.

2
- ❶ (한 밑면의 넓이)=6×8÷2=24 (cm²)
  (부피)=24×12=288 (cm³)
- ❷ (한 밑면의 넓이)=12×9÷2=54 (cm²)
  (부피)=54×20=1080 (cm³)
- ❸ (한 밑면의 넓이)=5×6=30 (cm²)
  (부피)=30×7=210 (cm³)
- ❹ (한 밑면의 넓이)=(8+10)×8÷2=72 (cm²)
  (부피)=72×6=432 (cm³)
- ❺ (한 밑면의 넓이)=7×7×3.14=153.86 (cm²)
  (부피)=153.86×9=1384.74 (cm³)
- ❻ (한 밑면의 넓이)=8×8×3.14=200.96 (cm²)
  (부피)=200.96×20=4019.2 (cm³)

3
- (한 밑면의 넓이)=(기둥 모양의 부피)÷(높이)
- (높이)=(기둥 모양의 부피)÷(한 밑면의 넓이)
- ❶ (한 밑면의 넓이)=180÷15=12 (cm²)
- ❹ (높이)=168÷42=4 (cm)
- ❺ (한 밑면의 넓이)=1256÷16=78.5 (cm²)

30강	부피와 겉넓이	145~147쪽

1
- ❶ 62 cm² / 30 cm³
- ❷ 580 cm² / 600 cm³
- ❸ 376 cm² / 416 cm³
- ❹ 1116 cm² / 2520 cm³

2
- ❶ 2646 cm² / 9261 cm³
- ❷ 1944 cm² / 5832 cm³

3
- ❶ 282.6 cm² / 314 cm³
- ❷ 207.24 cm² / 226.08 cm³
- ❸ 326.56 cm² / 452.16 cm³
- ❹ 113.04 cm² / 87.92 cm³
- ❺ 150.72 cm² / 125.6 cm³
- ❻ 169.56 cm² / 169.56 cm³

4

❶
- 12 cm, 7 cm, 5 cm
- 14 cm, 10 cm, 3 cm
- 6 cm, 5 cm, 14 cm

❷
- 9 cm, 4 cm, 8 cm
- 8 cm, 6 cm, 6 cm
- 18 cm, 8 cm, 2 cm

❸
- 8 cm, 3 cm, 9 cm
- 6 cm, 6 cm, 6 cm
- 12 cm, 3 cm, 6 cm

❹
- 8 cm, 8 cm, 8 cm
- 4 cm, 8 cm, 16 cm
- 16 cm, 2 cm, 16 cm

1
- ❶ (겉넓이)=(5×2+5×3+2×3)×2=62 (cm²)
  (부피)=5×2×3=30 (cm³)
- ❷ (겉넓이)
  =(20×10+20×3+10×3)×2=580 (cm²)
  (부피)=20×10×3=600 (cm³)

❸ (겉넓이)
=(13×8+13×4+8×4)×2=376 (cm²)
(부피)=13×8×4=416 (cm³)

❹ (겉넓이)
=(12×15+12×14+15×14)×2=1116 (cm²)
(부피)=12×15×14=2520 (cm³)

> **주의**
>
> 겉넓이의 단위는 길이 두 개의 곱으로 cm², 부피의 단위는 길이 세 개의 곱으로 cm³임에 주의합니다.

2 정육면체는 모든 모서리의 길이가 같습니다.

❶ (겉넓이)=21×21×6=2646 (cm²)
(부피)=21×21×21=9261 (cm³)

❷ 한 면의 둘레가 72 cm이므로
한 모서리의 길이는 72÷4=18 (cm)입니다.
(겉넓이)=18×18×6=1944 (cm²)
(부피)=18×18×18=5832 (cm³)

3 > **참고**
>
> • (원기둥의 겉넓이)
>   =(한 밑면의 넓이)×2+(옆면의 넓이)
> • (원의 넓이)=(반지름)×(반지름)×(원주율)
> • (옆면의 넓이)
>   =(밑면의 원주)×(높이)
>   =(밑면인 원의 지름)×(원주율)×(높이)

❶ (한 밑면의 넓이)=5×5×3.14=78.5 (cm²)
(옆면의 넓이)=10×3.14×4=125.6 (cm²)
➡ (겉넓이)=78.5×2+125.6=282.6 (cm²)
(부피)=78.5×4=314 (cm³)

❷ (한 밑면의 넓이)=3×3×3.14=28.26 (cm²)
(옆면의 넓이)=6×3.14×8=150.72 (cm²)
➡ (겉넓이)=28.26×2+150.72=207.24 (cm²)
(부피)=28.26×8=226.08 (cm³)

❸ (한 밑면의 넓이)=4×4×3.14=50.24 (cm²)
(옆면의 넓이)=8×3.14×9=226.08 (cm²)
➡ (겉넓이)=50.24×2+226.08
        =326.56 (cm²)
(부피)=50.24×9=452.16 (cm³)

❹ (한 밑면의 넓이)=2×2×3.14=12.56 (cm²)
(옆면의 넓이)=4×3.14×7=87.92 (cm²)
➡ (겉넓이)=12.56×2+87.92=113.04 (cm²)
(부피)=12.56×7=87.92 (cm³)

❺ (반지름)×(반지름)=12.56÷3.14=4
➡ 반지름: 2 cm
(옆면의 넓이)=4×3.14×10=125.6 (cm²)
➡ (겉넓이)=12.56×2+125.6=150.72 (cm²)
(부피)=12.56×10=125.6 (cm³)

❻ (지름)=18.84÷3.14=6
➡ 반지름: 3 cm
(한 밑면의 넓이)=3×3×3.14=28.26 (cm²)
(옆면의 넓이)=18.84×6=113.04 (cm²)
➡ (겉넓이)=28.26×2+113.04=169.56 (cm²)
(부피)=28.26×6=169.56 (cm³)

4 모양이 달라도 부피는 같을 수 있습니다.

❶
(겉넓이)
=(12×7+7×5+12×5)×2
=358 (cm²)
➡ 가장 작아요.

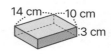
(겉넓이)
=(14×10+10×3+14×3)×2
=424 (cm²)

(겉넓이)
=(6×5+5×14+6×14)×2
=368 (cm²)

❷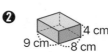
(겉넓이)
=(9×8+9×4+8×4)×2
=280 (cm²)

(겉넓이)
=(8×6+8×6+6×6)×2
=264 (cm²)
➡ 가장 작아요.

(겉넓이)
=(8×2+8×18+2×18)×2
=392 (cm²)

정답과 풀이

❸
(겉넓이)
=(8×9+8×3+9×3)×2
=246 (cm²)

8 cm 9 cm 3 cm

(겉넓이)
=6×6×6=216 (cm²)

6 cm 6 cm 6 cm

➡ 가장 작아요.

(겉넓이)
=(3×6+3×12+6×12)×2
=252 (cm²)

12 cm 3 cm 6 cm

❹
(겉넓이)
=8×8×6=384 (cm²)

8 cm 8 cm 8 cm

➡ 가장 작아요.

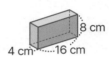
(겉넓이)
=(4×16+4×8+16×8)×2
=448 (cm²)

8 cm 4 cm 16 cm

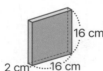
(겉넓이)
=(2×16+2×16+16×16)×2
=640 (cm²)

16 cm 2 cm 16 cm

31강	복잡한 입체도형의 부피 148~151쪽

대표 문제 1	❶ 6, 6, 12, 432 ❷ 3, 3, 3.14, 12, 339.12 ❸ 432, 339.12, 771.12 답 771.12 cm³

1	❶ 108 cm³ / 4 ❷ 182 cm³ ❸ 741.04 cm³ ❹ 1041.92 cm³ ❺ 216 cm³

2	❶ 108 cm³ / 4, 2 ❷ 216 cm³ ❸ 448 cm³ ❹ 1218.32 cm³ ❺ 500.36 cm³

3	❶ 108 cm³ ❷ 252 cm³ ❸ 160 cm³ ❹ 226.08 cm³ ❺ 700 cm³

1

❶ 2개의 직육면체로 나누어서 구한 다음 더합니다.
3×5×4=60 (cm³), 4×3×4=48 (cm³)
➡ (부피)=60+48=108 (cm³)

❷ 2개의 직육면체로 나누어서 구한 다음 더합니다.
5×5×7=175 (cm³), 1×1×7=7 (cm³)
➡ (부피)=175+7=182 (cm³)

❸ 2개의 원기둥으로 나누어서 구한 다음 더합니다.
2×2×3.14×5=62.8 (cm³),
6×6×3.14×6=678.24 (cm³)
➡ (부피)=62.8+678.24=741.04 (cm³)

❹ 원기둥과 직육면체로 나누어서 구한 다음 더합니다.
4×4×3.14×8=401.92 (cm³),
8×10×8=640 (cm³)
➡ (부피)=401.92+640=1041.92 (cm³)

❺ 2개의 직육면체로 나누어서 구한 다음 더합니다.
3×3×6=54 (cm³), 3×6×9=162 (cm³)
➡ (부피)=54+162=216 (cm³)

2

❶ 비어 있는 부분을 채운 큰 직육면체의 부피에서 비어 있는 직육면체의 부피를 빼서 구합니다.
7×5×4=140 (cm³), 4×2×4=32 (cm³)
➡ (부피)=140-32=108 (cm³)

❷ 비어 있는 부분을 채운 큰 직육면체의 부피에서 비어 있는 직육면체의 부피를 빼서 구합니다.
6×4×11=264 (cm³), 4×4×3=48 (cm³)
➡ (부피)=264-48=216 (cm³)

❸ 비어 있는 부분을 채운 큰 직육면체의 부피에서 비어 있는 직육면체의 부피를 빼서 구합니다.
12×4×12=576 (cm³), 4×4×4=64 (cm³)
➡ (부피)=576-64×2=448 (cm³)

❹ 큰 원기둥의 부피에서 작은 원기둥의 부피를 빼서 구합니다.
7×7×3.14×12=1846.32 (cm³),
5×5×3.14×8=628 (cm³)
➡ (부피)=1846.32-628=1218.32 (cm³)

❺ 직육면체의 부피에서 원기둥 부피를 빼서 구합니다.
8×8×14=896 (cm³),
3×3×3.14×14=395.64 (cm³)
➡ (부피)=896-395.64=500.36 (cm³)

3 다양한 모양의 밑면의 넓이를 구한 다음 높이를 곱해 부피를 구할 수 있습니다.

❶ (밑면의 넓이)=7×5-4×2=27 (cm²)
➡ (부피)=27×4=108 (cm³)

❷ (밑면의 넓이)=6×8-2×6=36 (cm²)
➡ (부피)=36×7=252 (cm³)

❸ (밑면의 넓이)=7×7-3×3=40 (cm²)
➡ (부피)=40×4=160 (cm³)

❹ (밑면의 넓이)
=4×4×3.14-2×2×3.14=37.68 (cm²)
➡ (부피)=37.68×6=226.08 (cm³)

❺ (밑면의 넓이)=15×10+5×5=175 (cm²)
➡ (부피)=175×4=700 (cm³)

32강 돌의 부피 152~155쪽

대표문제 1	❶ 15, 10, 150 ❷ 12, 15, 3 ❸ 150, 3, 450 답 450 cm³	
1	❶ 180 cm³	❷ 768 cm³
	❸ 800 cm³	❹ 24000 cm³
2	❶ 150.72 cm³	❷ 508.68 cm³
	❸ 314 cm³	❹ 1356.48 cm³
3	❶ 800 cm³	❷ 1080 cm³
	❸ 803.84 cm³	❹ 2512 cm³

1 ❶ (늘어난 물의 높이)=7-4=3 (cm)
➡ (돌의 부피)=12×5×3=180 (cm³)

❸ (늘어난 물의 높이)=20-18=2 (cm)
➡ (돌의 부피)=40×10×2=800 (cm³)

❹ (늘어난 물의 높이)=45-40=5 (cm)
➡ (돌의 부피)=80×60×5=24000 (cm³)

2 ❷ (늘어난 물의 높이)=6-4=2 (cm)
➡ (돌의 부피)=9×9×3.14×2=508.68 (cm³)

❸ (늘어난 물의 높이)=13-9=4 (cm)
➡ (돌의 부피)=5×5×3.14×4
=314 (cm³)

❹ (늘어난 물의 높이)=43-40=3 (cm)
➡ (돌의 부피)=12×12×3.14×3
=1356.48 (cm³)

3 ❶ (줄어든 물의 높이)=9-5=4 (cm)
➡ (돌의 부피)=10×20×4=800 (cm³)

❷ (줄어든 물의 높이)=12-9=3 (cm)
➡ (돌의 부피)=24×15×3=1080 (cm³)

❸ (줄어든 물의 높이)=19-15=4 (cm)
➡ (돌의 부피)=8×8×3.14×4=803.84 (cm³)

❹ (줄어든 물의 높이)=20-18=2 (cm)
➡ (돌의 부피)=20×20×3.14×2=2512 (cm³)

33강	평가	156~158쪽
1	**16 cm³** / 16 세제곱센티미터	
2	63, 63000000	
3	8	
4	60	
5	250 cm³	
6	7 cm	
7	414 cm³	
8	1318.8 cm³	
9	213.52 cm² / 188.4 cm³	
10	104 cm² / 60 cm³	
11	339.12 cm³	
12	504 cm³	
13	8	
14	나	
15	3 cm	

2 cm와 m가 섞여 있으므로 m로 통일해서 구합니다.
(부피)=7×3×3=63 (m³)
1 m³=1000000 cm³이므로
63 m³=63000000 cm³입니다.

3 정육면체는 모든 모서리의 길이가 같습니다.
(부피)=2×2×2=8 (m³)

4 직육면체의 부피는 한 밑면의 넓이와 높이의 곱으로 구합니다.
400 cm=4 m이므로
➡ (부피)=15×4=60 (m³)

5 한 밑면의 넓이가 25 cm²이고, 높이가 10 cm인 기둥 모양이므로 부피는 25×10=250 (cm³)입니다.

6 정육면체의 부피는 한 모서리의 길이를 세 번 곱한 수와 같습니다.
➡ 7×7×7=343 (cm³)이므로 한 모서리의 길이는 7 cm입니다.

7 여러 가지 방법으로 부피를 구할 수 있습니다.
비어 있는 부분을 채운 큰 직육면체에서 빈 부분인 작은 직육면체를 빼는 방법으로 구해 보면
(큰 직육면체의 부피)=6×9×9=486 (cm³)
(비어 있는 부분의 부피)=6×3×4=72 (cm³)
➡ (입체도형의 부피)=486−72=414 (cm³)

8 밑면의 모양은 반지름이 8 cm인 원에서 반지름이 6 cm인 원을 뺀 모양입니다.
(한 밑면의 넓이)
=8×8×3.14−6×6×3.14=87.92 (cm²)
➡ (부피)=87.92×15=1318.8 (cm³)

9 밑면의 원주가 12.56 cm이므로
(옆면의 넓이)=12.56×15=188.4 (cm²),
(지름)=(원주)÷(원주율)=12.56÷3.14=4 (cm)
(한 밑면의 넓이)=2×2×3.14=12.56 (cm²)
➡ (겉넓이)=12.56×2+188.4=213.52 (cm²)
(부피)=12.56×15=188.4 (cm³)

10 색칠한 면을 밑면으로 보면 밑면의 둘레가 14 cm이므로
(옆면의 넓이)=14×6=84 (cm²)
➡ (겉넓이)=10×2+84=104 (cm²)
(부피)=(한 밑면의 넓이)×(높이)
=10×6=60 (cm³)

11 (늘어난 물의 높이)=15−12=3 (cm)
(한 밑면의 넓이)=6×6×3.14=113.04 (cm²)
➡ (돌의 부피)=113.04×3=339.12 (cm³)

12 (줄어든 물의 높이)=10−7=3 (cm)
➡ (돌의 부피)=12×14×3=504 (cm³)

13 (한 밑면의 넓이)=(8+5)×2÷2=13 (cm²)
➡ (높이)=(부피)÷(한 밑면의 넓이)=104÷13=8 (cm)

14 부피가 같은 직육면체도 겉넓이는 다를 수 있습니다.
(가의 겉넓이)=(6×6+6×4+6×4)×2
=168 (cm²)
(나의 겉넓이)=(12×6+12×2+6×2)×2
=216 (cm²)
(다의 겉넓이)=(9×4+9×4+4×4)×2
=176 (cm²)

15 (한 밑면의 넓이)=(부피)÷(높이)이므로
113.04÷4=28.26 (cm²)
➡ (반지름)×(반지름)=28.26÷3.14=9에서 반지름은 3 cm입니다.

기적의 학습서

오늘도 한 뼘 자랐습니다.

길벗스쿨